高职高专立体化教材　计算机系列

数据结构(C 语言版)

郝春梅　齐景嘉　主　编

董春波　卢金昊　吴　波　副主编

清华大学出版社
北京

内容简介

本书系统地介绍了各种常用的数据结构以及查找、排序算法，对每种数据结构以实例作为切入点，详细阐述了基本概念、逻辑结构、存储表示、基本操作以及相关的应用，书中每章均有典型案例，并给出了算法实现的思路及完整的 C 程序。为了便于学生自学和教师教学，每章后均配有大量习题及参考答案。附录 B 是各章实训题目及参考答案。本书中所有程序均在 TC 2.0 下调试运行通过。

本书内容精练，通俗易懂，既便于教学，又适合自学。本书既可作为高职高专计算机专业及信息管理专业讲授数据结构课程的教材，也可作为从事计算机软件与应用的工作人员、参加自学考试的考生及社会上数据结构学习者的参考用书。

本书封面贴有清华大学出版社防伪标签，无标签者不得销售。
版权所有，侵权必究。举报：010-62782989，beiqinquan@tup.tsinghua.edu.cn。

图书在版编目(CIP)数据

数据结构(C 语言版)/郝春梅，齐景嘉主编；董春波，卢金昊，吴波副主编. —北京：清华大学出版社，2010.6（2024.3重印）
(高职高专立体化教材　计算机系列)
ISBN 978-7-302-22814-1

Ⅰ. 数… Ⅱ. ①郝… ②齐… ③董… ④卢… ⑤吴… Ⅲ. ①数据结构—高等学校：技术学校—教材 ②C 语言—程序设计—高等学校：技术学校—教材 Ⅳ. ①TP311.12 ②TP312

中国版本图书馆 CIP 数据核字(2010)第 096921 号

责任编辑：张　瑜　张丽娜
封面设计：山鹰工作室
版式设计：杨玉兰
责任校对：周剑云
责任印制：宋　林

出版发行：清华大学出版社
网　　址：https://www.tup.com.cn, https://www.wqxuetang.com
地　　址：北京清华大学学研大厦 A 座　　邮　编：100084
社 总 机：010-83470000　　邮　购：010-62786544
投稿与读者服务：010-62776969, c-service@tup.tsinghua.edu.cn
质量反馈：010-62772015, zhiliang@tup.tsinghua.edu.cn

印 装 者：涿州市般润文化传播有限公司
经　　销：全国新华书店
开　　本：185mm×260mm　　印　张：17　　字　数：410 千字
版　　次：2010 年 6 月第 1 版　　印　次：2024 年 3 月第13次印刷
定　　价：49.00 元

产品编号：035914-03

《高职高专立体化教材计算机系列》丛书序

一、编写目的

关于立体化教材，国内外有多种说法，有的叫"立体化教材"，有的叫"一体化教材"，有的叫"多元化教材"，其目的是一样的，就是要为学校提供一种教学资源的整体解决方案，最大限度地满足教学需要，满足教育市场需求，促进教学改革。我们这里所讲的立体化教材，其内容、形式、服务都是建立在当前技术水平和条件基础上的。

立体化教材是一个"一揽子"式的，包括主教材、教师参考书、学习指导书、试题库在内的完整体系。主教材讲究的是"精品"意识，既要具备指导性和示范性，也要具有一定的适用性，喜新不厌旧。那种内容越编越多，本子越编越厚的低水平重复建设在"立体化"的世界中将被扫地出门。和以往不同，"立体化教材"中的教师参考书可不是千人一面的，教师参考书不只是提供答案和注释，而是含有与主教材配套的大量参考资料，使得老师在教学中能做到"个性化教学"。学习指导书更像一本明晰的地图册，难点、重点、学习方法一目了然。试题库或习题集则要完成对教学效果进行测试与评价的任务。这些组成部分采用不同的编写方式，把教材的精华从各个角度呈现给师生，既有重复、强调，又有交叉和补充，相互配合，形成一个教学资源有机的整体。

除了内容上的扩充，立体化教材的最大突破还在于在表现形式上走出了"书本"这一平面媒介的局限，如果说音像制品让平面书本实现了第一次"突围"，那么电子和网络技术的大量运用就让躺在书桌上的教材真正"活"了起来。用 PowerPoint 开发的电子教案不仅大大减少了教师案头备课的时间，而且也让学生的课后复习更加有的放矢。电子图书通过数字化使得教材的内容得以无限扩张，使平面教材更能发挥其提纲挈领的作用。

CAI(计算机辅助教学)课件把动画、仿真等技术引入了课堂，让课程的难点和重点一目了然，通过生动的表达方式达到深入浅出的目的。在科学指标体系控制之下的试题库既可以轻而易举地制作标准化试卷，也能让学生进行模拟实战的在线测试，提高了教学质量评价的客观性和及时性。网络课程更厉害，它使教学突破了空间和时间的限制，彻底发挥了立体化教材本身的潜力，轻轻敲击几下键盘，你就能在任何时候得到有关课程的全部信息。

最后还有资料库，它把教学资料以知识点为单位，通过文字、图形、图像、音频、视频、动画等各种形式，按科学的存储策略组织起来，大大方便了教师在备课、开发电子教案和网络课程时的教学工作。如此一来，教材就"活"了。学生和书本之间的关系不再像领导与被领导那样呆板，而是真正有了互动。教材不再只为老师们规定什么重要什么不重要，而是成为教师实现其教学理念的最佳拍档。在建设观念上，从提供和出版单一纸质教材转向提供和出版较完整的教学解决方案；在建设目标上，以最大限度满足教学要求为根本出发点；在建设方式上，不单纯以现有教材为核心，简单地配套电子音像出版物，而是以课程为核心，整合已有资源并聚拢新资源。

网络化、立体化教材的出版是我社下一阶段教材建设的重中之重，作为以计算机教材出版为龙头的清华大学出版社确立了"改变思想观念，调整工作模式，构建立体化教材体系，大幅度提高教材服务"的发展目标。并提出了首先以建设"高职高专计算机立体化教材"为重点的教材出版规划，希望通过邀请全国范围内的高职高专院校的优秀教师，在2008年共同策划、编写这一套高职高专立体化教材，利用网络等现代技术手段实现课程立体化教材的资源共享，解决国内教材建设工作中存在教材内容的更新滞后于学科发展的状况。把各种相互作用、相互联系的媒体和资源有机地整合起来，形成立体化教材，把教学资料以知识点为单位，通过文字、图形、图像、音频、视频、动画等各种形式，按科学的存储策略组织起来，为高职高专教学提供一整套解决方案。

二、教材特点

在编写思想上，以适应高职高专教学改革的需要为目标，以企业需求为导向，充分吸收国外经典教材及国内优秀教材的优点，结合中国高校计算机教育的教学现状，打造立体化精品教材。

在内容安排上，充分体现先进性、科学性和实用性，尽可能选取最新、最实用的技术，并依照学生接受知识的一般规律，通过设计详细的可实施的项目化案例(而不仅仅是功能性的小例子)，帮助学生掌握要求的知识点。

在教材形式上，利用网络等现代技术手段实现立体化的资源共享，为教材创建专门的网站，并提供题库、素材、录像、CAI课件、案例分析，实现教师和学生在更大范围内的教与学互动，及时解决教学过程中遇到的问题。

本系列教材采用案例式的教学方法，以实际应用为主，理论够用为度。教程中每一个知识点的结构模式为"案例(任务)提出→案例关键点分析→具体操作步骤→相关知识(技术)介绍(理论总结、功能介绍、方法和技巧等)"。

该系列教材将提供全方位、立体化的服务。网上提供电子教案、文字或图片素材、源代码、在线题库、模拟试卷、习题答案、案例动画演示、专题拓展、教学指导方案等。

在为教学服务方面，主要是通过教学服务专用网站在网络上为教师和学生提供交流的场所，每个学科、每门课程，甚至每本教材都建立网络上的交流环境。可以为广大教师信息交流、学术讨论、专家咨询提供服务，也可以让教师发表对教材建设的意见，甚至通过网络授课。对学生来说，则可以在教学支撑平台所提供的自主学习空间中进行学习、答疑、作业、讨论和测试，当然也可以对教材建设提出意见。这样，在编辑、作者、专家、教师、学生之间建立起一个以课本为依据、以网络为纽带、以数据库为基础、以网站为门户的立体化教材建设与实践的体系，用快捷的信息反馈机制和优质的教学服务促进教学　改革。

本系列教材专题网站：http://lth.wenyuan.com.cn。

前　　言

　　数据结构是计算机应用、计算机软件及信息管理专业的一门重要的基础课程，也是计算机课程体系中的核心课程之一，是设计和实现系统软件及大型应用软件的技术基础，它主要研究各种基本数据的逻辑结构、存储结构和基本运算的实现，以及查找排序等常用算法的实现。通过学习数据结构课程，使读者学会如何把现实世界的问题转化为计算机内部的表示和处理，进而学会组织数据，选择合适的逻辑结构和存储结构，设计算法，形成良好的程序设计风格，提高逻辑思维和抽象思维的能力。

　　本书主要面向高职高专、成人高校等计算机类专业的学生，本着"培养技术应用型人才"的原则，力求以应用为主体，对基本理论作深入浅出的阐述。因此本教材具有如下特色。

　　(1) 简洁性：尽量避开抽象理论的介绍和复杂公式的推导，简明扼要地介绍学生需要掌握的基础知识和技术。

　　(2) 通俗性：对每章中的基本数据结构均通过具体的实例引出，通过通俗易懂的语言介绍专业知识。

　　(3) 实用性：本书采用 C 语言作为描述语言，在介绍各种数据结构的基本操作及查找排序算法后均给出主函数，使每个算法都能直接上机实现，并且除第 1 章以外每章的最后一节都精选了涉及该章内容的案例，另外，最后还配有专门的实训内容，并给出了完整的 C 程序，供学生上机操作，方便学生自学，同时也方便教师授课。

　　本教材共分 9 章，总课时数为 70 学时左右，其中上机实习 20 学时。

　　第 1 章介绍数据结构的一般概念和算法分析的初步知识；第 2 章～第 5 章分别讨论了线性表、栈与队列、串、数组等线性逻辑结构、存储结构以及对于不同存储结构的各种基本操作的算法实现；第 6 章和第 7 章介绍了树和图这两种重要的非线性逻辑结构、存储方法及重要的应用；第 8 章和第 9 章讨论了各种查找算法及排序算法。

　　本书由郝春梅任第一主编，齐景嘉任第二主编，董春波、卢金昊、吴波任副主编，各章编写分工如下：第 1 章和第 6 章由大庆石油学院应用技术职业学院卢金昊编写；第 2 章由哈尔滨金融高等专科学校吴波编写；第 3 章和实训部分由哈尔滨金融高等专科学校齐景嘉编写；第 4 章和第 5 章由大庆职业学院董春波编写；第 7、8、9 章由哈尔滨金融高等专科学校郝春梅编写；全书由哈尔滨金融高等专科学校郝春梅统稿和定稿，黑龙江大学李傲霜审阅了书稿，在此表示感谢。

　　本书编者都是多年从事本课程教学的一线教师，但由于水平有限，书中难免存在错误与疏漏之处，敬请读者及同行们予以批评指正。

编　者

目 录

第 1 章 绪论 ... 1
1.1 引言 ... 1
1.2 基本概念与术语 ... 4
1.3 抽象数据类型 ... 9
1.3.1 数据类型 ... 9
1.3.2 抽象数据类型概述 ... 10
1.4 算法和算法分析 ... 11
1.4.1 算法的基本概念 ... 11
1.4.2 算法的时间复杂度 ... 14
1.4.3 算法的空间复杂度 ... 16
本章小结 ... 16
习题 ... 17

第 2 章 线性表 ... 19
2.1 线性表的定义及其基本操作 ... 19
2.1.1 线性表的引例 ... 19
2.1.2 线性表的定义 ... 20
2.1.3 线性表的基本操作 ... 20
2.2 线性表的顺序存储结构 ... 20
2.2.1 顺序表结构 ... 20
2.2.2 顺序表的基本操作 ... 22
2.3 线性表的链式存储结构 ... 26
2.3.1 链式存储结构 ... 26
2.3.2 单链表上的基本运算 ... 26
2.3.3 循环链表和双向链表 ... 33
2.4 顺序表与链表的比较 ... 36
2.5 线性表的应用 ... 36
本章小结 ... 43
习题 ... 43

第 3 章 栈和队列 ... 47
3.1 栈 ... 47
3.1.1 栈的引例 ... 47
3.1.2 栈的定义及基本操作 ... 47
3.1.3 栈的顺序存储表示和操作的实现 ... 48
3.1.4 栈的链式存储表示和操作的实现 ... 51
3.2 栈的应用 ... 53
3.3 队列 ... 56
3.3.1 队列的引例 ... 56
3.3.2 队列的定义及基本操作 ... 56
3.3.3 队列的顺序存储表示和操作的实现 ... 57
3.3.4 队列的链式存储表示和操作的实现 ... 61
3.4 队列的应用 ... 64
本章小结 ... 66
习题 ... 67

第 4 章 串 ... 71
4.1 串的定义及基本操作 ... 71
4.1.1 串的基本概念 ... 71
4.1.2 串的基本操作 ... 72
4.2 串的存储结构 ... 73
4.2.1 串的顺序存储结构 ... 73
4.2.2 串的堆式存储 ... 78
4.2.3 串的块链式存储结构 ... 81
4.3 串的应用 ... 81
本章小结 ... 84
习题 ... 84

第 5 章 数组 ... 86
5.1 数组的定义和运算 ... 86
5.2 数组的顺序存储结构 ... 87
5.3 矩阵的压缩存储结构 ... 89
5.3.1 特殊矩阵 ... 89
5.3.2 稀疏矩阵 ... 91
5.4 广义表的定义 ... 94
5.5 广义表的存储结构 ... 95
5.5.1 头尾表示法 ... 95

5.5.2 孩子兄弟表示法..................96
　5.6 数组的应用..............................97
　本章小结......................................101
　习题..101

第6章 树和二叉树..........................104
　6.1 树的概念和基本操作..................104
　　6.1.1 树的引例..........................104
　　6.1.2 树的定义和基本术语............104
　　6.1.3 树的基本操作.....................106
　6.2 二叉树...................................107
　　6.2.1 二叉树的定义.....................107
　　6.2.2 二叉树的性质.....................107
　　6.2.3 二叉树的基本操作...............109
　6.3 二叉树的存储结构.....................110
　　6.3.1 顺序存储结构.....................110
　　6.3.2 链式存储结构.....................110
　6.4 二叉树的遍历..........................112
　　6.4.1 先序遍历..........................112
　　6.4.2 中序遍历..........................113
　　6.4.3 后序遍历..........................113
　　6.4.4 层次遍历..........................114
　6.5 线索二叉树.............................115
　　6.5.1 线索二叉树的概念...............115
　　6.5.2 中序线索二叉树的
　　　　　构造算法..........................116
　　6.5.3 线索二叉树的遍历...............117
　6.6 哈夫曼树及其应用.....................119
　　6.6.1 哈夫曼树的定义..................119
　　6.6.2 构造哈夫曼树.....................120
　　6.6.3 哈夫曼树的应用..................122
　6.7 树与森林................................124
　　6.7.1 树的存储结构.....................124
　　6.7.2 树、森林与二叉树的转换......126
　6.8 二叉树的应用..........................128
　本章小结......................................131
　习题..131

第7章 图.....................................135
　7.1 图的定义和术语........................135
　　7.1.1 图的引例..........................135

　　7.1.2 图的定义..........................136
　　7.1.3 图的基本术语.....................136
　7.2 图的存储结构..........................139
　　7.2.1 邻接矩阵..........................139
　　7.2.2 邻接链表..........................141
　7.3 图的遍历................................144
　　7.3.1 深度优先搜索.....................144
　　7.3.2 广度优先搜索.....................147
　7.4 最小生成树.............................149
　　7.4.1 普里姆(Prim)算法...............149
　　7.4.2 克鲁斯卡尔(Kruskal)算法....150
　7.5 最短路径................................151
　　7.5.1 单源最短路径.....................151
　　7.5.2 每一对顶点之间的
　　　　　最短路径..........................153
　7.6 AOV网拓扑排序........................157
　　7.6.1 AOV网.............................157
　　7.6.2 AOV网拓扑排序..................158
　7.7 图的应用................................162
　本章小结......................................166
　习题..166

第8章 查找..................................170
　8.1 基本概念................................170
　8.2 静态查找表.............................171
　　8.2.1 顺序查找..........................171
　　8.2.2 折半查找..........................173
　　8.2.3 分块查找..........................175
　8.3 动态查找表.............................176
　　8.3.1 二叉排序树的概念...............176
　　8.3.2 二叉排序树的查找...............177
　　8.3.3 二叉排序树的插入和生成......178
　　8.3.4 二叉排序树的删除...............179
　　8.3.5 二叉排序树查找算法
　　　　　效率分析..........................180
　8.4 哈希表查找.............................181
　　8.4.1 哈希表的概念.....................181
　　8.4.2 哈希函数的构造方法............181
　　8.4.3 处理冲突的方法..................182

8.4.4 哈希表的查找 184
8.5 查找的应用 185
本章小结 188
习题 189

第9章 排序 191

9.1 基本概念 191
9.2 插入排序 192
    9.2.1 直接插入排序 192
    9.2.2 希尔排序 194
9.3 交换排序 195
    9.3.1 冒泡排序 195
    9.3.2 快速排序 197

9.4 选择排序 200
    9.4.1 直接选择排序 200
    9.4.2 堆排序 201
9.5 归并排序 205
9.6 各种内部排序方法的比较 207
9.7 排序的应用 208
本章小结 210
习题 211

附录A 习题答案 213

附录B 数据结构实训及答案 233

参考文献 261

第1章 绪 论

学习目标与要求：

数据结构主要研究非数值应用问题中数据之间的逻辑关系和对数据的操作，以及如何将具有一定逻辑关系的数据按一定的存储方式存放在计算机内。通过本章的学习，要求掌握如下内容。

- 了解数据、数据元素、数据项、数据对象、数据类型及抽象数据类型等基本概念。
- 掌握数据结构和算法的概念。
- 掌握数据结构的逻辑结构、存储结构和数据操作(运算)3个方面的概念及其相互之间的关系。
- 掌握算法的评价标准。
- 分析算法的时间复杂度，评价一个算法的好坏。

1.1 引 言

目前，计算机技术的发展日新月异，其应用已不再局限于科学计算，而是更多地用于控制、管理及事务处理等非数值计算问题的处理。与此相应，计算机操作的对象由纯粹的数值数据发展到字符、表格、图像、声音等各种具有一定结构的数据，数据结构就是研究这些数据的组织、存储和运算的一般方法的学科。

1968年美国唐·欧·克努特(Donald E.Knuth)开创了数据结构的最初体系。现今，数据结构是一门介于数学、计算机硬件和计算机软件三者之间的核心课程(如图1.1所示)。在计算机科学中，数据结构不仅是一般非数值计算程序设计的基础，还是设计和实现汇编语言、编译程序、操作系统、数据库系统，以及其他系统程序和大型应用程序的重要基础。打好数据结构这门课程的扎实基础，将会对程序设计有进一步的认识，使编程能力上一个台阶，从而使自己学习和开发应用软件的能力有一个明显的提高。

下面讨论一下数据结构研究的内容。通常我们用计算机解决一个具体问题时，大致需要经过以下几个步骤。

(1) 从具体问题抽象出适当的数学模型。
(2) 设计求解数学模型的算法。
(3) 编制、运行并调试程序，直到解决实际问题。

寻求数学模型的实质是分析问题，从中提取操作的对象，并找出这些操作对象之间的关系，然后用数学语言加以描述。描述非数值计算问题的数学模型不再是数学方程，而是诸如表、树、图之类的数据结构。

为了使读者对数据结构有一个感性的认识，下面给出几个数据结构的示例，读者可以通过这些示例去理解数据结构的概念。

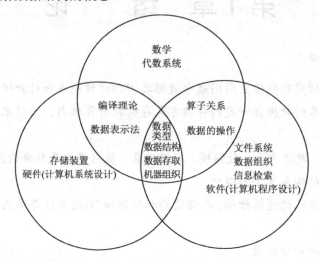

图 1.1 "数据结构"所处的地位

【示例1】 职工基本情况表。

表 1.1 是一张单位职工基本情况表。该表中每一行是一个数据元素(或称记录、结点)，它表示一个职工的基本信息。每个职工的编号不相同，所以可以用编号来唯一地标识每个数据元素。因为每个职工的编号排列位置有先后次序，所以在表中可以按编号形成一种一对一的次序关系，即整个二维表就是职工数据的一个线性序列，这种关系称为线性数据结构。

表 1.1 职工基本情况表

编 号	姓 名	性 别	出生年月
001	李泽勇	男	1968/10
002	王丽敏	女	1959/02
003	张永健	男	1978/11
004	潘晓婷	女	1982/04

【示例2】 井字棋对弈问题。

图 1.2(a)是井字棋对弈过程中的一个格局，任何一方只要使相同的三个棋子连成一条直线(可以是一行、一列或一条对角线)即为胜方。如果下一步由"×"方下棋，可以派生出 5 个子格局，如图 1.2(b)所示；随后由"○"方接着下棋，对于每个子格局又可以派生出 4 个子格局……因此若将从对弈开始到结束的过程中所有可能出现的格局都画在一张图上，则可得到一棵倒放的"树"。"树根"是对弈开始之前的棋盘格局，而所有的"叶子"是可能出现的结局，对弈的过程就是从根经树权到叶子的一个过程。我们把这种关系称为树

形数据结构,在这种结构中,数据呈现出一对多的非线性关系。

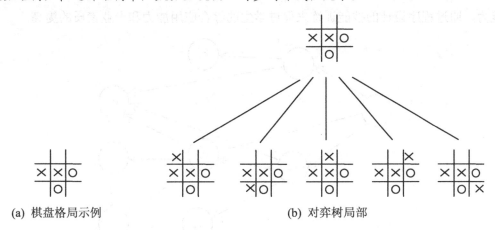

(a) 棋盘格局示例　　　　　　　　(b) 对弈树局部

图 1.2　井字棋对弈"树"

【**示例 3**】　教学计划编排问题。

一个教学计划包含许多课程,在教学计划包含的许多课程之间,有些必须按规定的先后次序进行,有些则没有次序要求。即有些课程之间有先修和后续的关系,有些课程可以任意安排次序,如表 1.2 所示。表 1.2 中各个课程之间的次序关系可用一个称作图的数据结构来表示,如图 1.3 所示。有向图中的每个顶点表示一门课程,如果从顶点 i 到 j 之间存在有向边<i, j>,则表示课程 i 必须先于课程 j 进行。

表 1.2　计算机专业的课程设置

课程编号	课程名称	先修课程
C_1	计算机导论	无
C_2	数据结构	C_1, C_4
C_3	汇编语言	C_1
C_4	C 程序设计语言	C_1
C_5	计算机图形学	C_2, C_3, C_4
C_6	接口技术	C_3
C_7	数据库原理	C_2, C_9
C_8	编译原理	C_4
C_9	操作系统	C_2

由以上三个例子可见,描述这类非数值计算问题的数学模型不再是数学方程,而是诸如表、树、图之类的数据结构。因此,可以说数据结构课程主要是研究非数值计算的程序设计中数据之间的逻辑关系和对数据的操作,以及如何将具有一定逻辑关系的数据存储到计算机内。

学习数据结构的目的是为了了解计算机处理对象的特性,将实际问题中所涉及的处理对象在计算机中表示出来,并对它们进行处理。与此同时,通过算法训练来提高学生的思维能力,通过程序设计的技能训练来促进学生的综合应用能力和专业素质的提高。

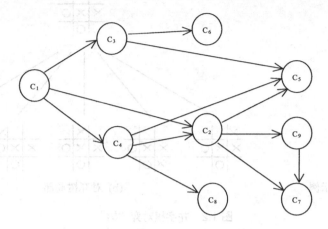

图 1.3 表示课程之间优先关系的有向图

1.2 基本概念与术语

在深入学习数据结构这门课程之前,我们先来学习一些与数据结构相关的概念和术语,下面介绍了一些基本概念和常用术语。

数据(Data)是对客观事物的一种符号表示,是指所有能输入到计算机中并被计算机程序加工处理的符号的总称。在计算机科学中,它可以是数值数据,也可以是非数值数据。数值数据包括:整数、实数、浮点数或复数等,主要用于科学计算、金融、财会和商务处理等;非数值数据则包括:文字、符号、图形、图像、动画、语音、视频信号等。随着多媒体技术的飞速发展,计算机中处理的非数值数据已经越来越多。

数据元素(Data Element)是组成数据的基本单位,在计算机程序中通常作为一个整体进行考虑和处理。一个数据元素可由一个或多个数据项构成,数据项是构成数据的最小单位。例如,在职工基本情况表(表 1.1)中,为了便于处理,通常把其中的每一行(代表一个职工)作为一个基本单位(即数据元素)来考虑,在该表中共有 4 个数据元素,而每一个数据元素又是由"编号"、"姓名"、"性别"、"出生年月"这 4 个数据项构成的。数据元素也可以称为记录、结点。

数据项(Data Item)是数据不可分割的、具有独立意义的最小数据单位,是对数据元素属性的描述。数据项也称为域或字段(Field)。数据项一般有名称、类型、长度等属性。C(或C++)语言中的数据类型有:整型、实型、浮点型、字符型、指针型等。

数据、数据元素、数据项反映了数据组织的 3 个层次,即数据可以由若干个数据元素组成,数据元素又由若干个数据项组成。

数据对象(Data Object)是性质相同的数据元素的集合。例如,在表 1.1 所示的职工基本情况表中，所包含的 4 个类型相同的数据元素可以看成是一个数据对象。数据对象由性质相同的数据元素组成，它是数据的一个子集。

数据类型(Data Type)是指一组结构相同的值构成的值集(类型)和定义在这个值集(类型)上的操作集。例如，在 C 语言程序设计中，我们知道有整型、字符型、浮点型、双精度型等基本的数据类型，它们都是由一组结构相同的值构成的值集，以及在这个值集上允许进行的操作的总称。

数据结构(Data Structure)是指数据元素之间的逻辑关系和这种关系在计算机中的存储表示，以及在这种结构上定义的运算。数据结构包括数据的逻辑结构、数据的存储(物理)结构和数据的运算。

1. 逻辑结构

数据元素之间的相互关系称为逻辑结构。数据的逻辑结构主要分为两大类：线性结构和非线性结构。其中非线性结构又包括集合结构、树形结构、图状结构。

(1) 线性结构。该结构中的数据元素除了类型相同外，元素之间还存在一对一的关系。其特点是开始结点和终端结点都是唯一的，除了开始结点和终端节点以外，其余结点都有且仅有一个前驱，有且仅有一个后继。

(2) 集合结构。该结构中的数据元素之间除了"同属于一个集合"的关系外，没有其他关系。

(3) 树形结构。该结构中的数据元素除了类型相同外，元素之间还存在一对多的关系。其特点是每个结点最多只有一个前驱，但可以有多个后继，即可以有多个终端结点。

(4) 图状结构。该结构中的数据元素除了类型相同外，元素之间还存在多对多的关系。

例如，在表 1.1 所示的职工基本情况表中，由 4 个数据元素(记录)组成，各数据元素之间在逻辑上有一定的关系，这种关系指出了这 4 个数据元素在表中的排列顺序。对于表中的任一个结点(记录)，最多只有一个直接前驱结点，最多只有一个直接后继结点，整张表只有一个开始结点(第一个)和一个终端结点(最后一个)，显然，这是一对一的线性关系。该表的逻辑结构就是表中数据元素之间的关系，即该表的逻辑结构是线性结构。同理，在图 1.2 所示的井字棋对弈"树"和图 1.3 所示的教学计划编排问题中，各数据元素之间分别存在着一对多和多对多的关系，即它们的逻辑结构分别为树形结构和图状结构。

数据的四种基本逻辑结构如图 1.4 所示。

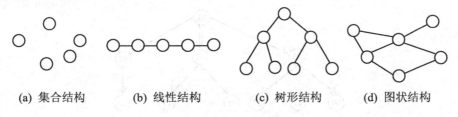

(a) 集合结构　　(b) 线性结构　　(c) 树形结构　　(d) 图状结构

图 1.4　四种基本逻辑结构

数据结构不同于数据类型,也不同于数据对象,它不仅要描述同一数据类型的数据对象,而且要描述数据对象中各数据元素之间的相互关系。

从上面所介绍的数据结构的概念中可以知道,一个数据结构有两个要素。一个是数据元素的集合,另一个是关系的集合。在形式上,数据结构通常可以采用一个二元组来表示。

数据结构的形式定义如下。

数据结构是一个二元组:Data_Structure=(D, R)。

其中,D 是数据元素的有限集,R 是 D 上关系的有限集。

【例 1.1】一种数据结构 Line=(D, R),其中:

D={01, 04, 07, 09, 10, 16, 27, 30, 39, 51}

R={r}

r={<07,01>,<01,39>,<39,16>,<16,04>,<04,27>,<27,51>,<51,09>,<09,10>,<10,30>}

尖括号表示关系集合,如<07,01>表示是有向的,即表示从 07 指向 01。细心的读者会发现,除了头结点"07"和尾结点"30"以外,其余结点都只有一个直接前驱和一个直接后继,即结构的元素之间存在着一对一(1:1)的关系。

则该数据结构的图形表示如图 1.5 所示。

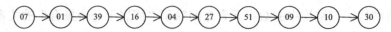

图 1.5 线性结构

显然,这是一种线性数据结构。

【例 1.2】一种数据结构 Tree=(D, R),其中:

D={01, 03, 05, 07, 09, 11, 13, 15, 17, 19}

R={r}

r={<01,03>,<01,05>,<01,07>,<03,09>,<03,11>,<03,13>,<05,15>,<05,17>,<07,19>}

这种数据结构的特点是除了结点"01" 无直接前驱(称为根)以外,其余结点都只有一个直接前驱,但每个结点都可以有零个或多个直接后继,即结构的元素之间存在着一对多(1:N)的关系。把具有这种特点的数据结构叫做树形结构(或树结构),简称树。

树形结构反映了结点元素之间的一种层次关系,如图 1.6 所示,从根结点起共分为三层,有向的箭头体现了结点之间的从属关系。

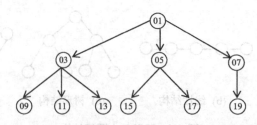

图 1.6 树形结构

【例 1.3】 一种数据结构 Graph=(D, R)，其中：

D={1, 2, 3, 4, 5}

R={r}

r={(1,2),(1,4),(2,4),(2,3),(2,5),(3,4),(4,5)}

圆括号表示的关系集合是无向的，如(1,2)表示从 1 到 2 之间的边是双向的。其特点是各个结点之间都存在着多对多(M：N)的关系，即每个结点都可以有多个直接前驱或多个直接后继，如图 1.7 所示。我们把具有这种特点的数据结构叫做图状结构，简称图。

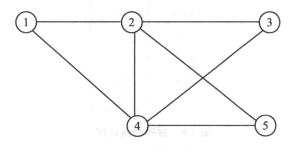

图 1.7 图状结构

从上述三种结构的描述可知，树形结构是图状结构的特殊情况(当 M=1 时)，而线性结构则是树形结构的特殊情况(当 M=N=1 时)。为了区别于数据元素之间存在一对一关系的线性结构，我们把数据元素之间存在一对多关系的树形结构和数据元素之间存在多对多关系的图状结构统称为非线性结构。

2. 存储结构

数据的逻辑结构在计算机中的存储表示称为数据的存储结构，也称为数据的物理结构。它包括数据元素本身的存储表示及其逻辑关系的存储表示。数据有四种不同的存储结构(亦称方式)：顺序存储结构、链式存储结构、索引存储结构和散列存储结构。

(1) 顺序存储结构是指把逻辑上相邻的结点存储在物理上相邻的存储单元里，结点之间的逻辑关系由存储单元位置的邻接关系来体现。这种存储方式的优点是占用较少的存储空间，不浪费空间；缺点是由于只能使用相邻的一整块存储单元，因此可能产生较多的碎片现象，而且在进行插入和删除结点的操作时，需移动大量元素，从而花费较多的时间。顺序存储结构通常借助于程序设计语言中的数组来描述。例如，一个字母占一个字节，输入 A, B, C, D, E，并存储在 3000 起始的连续的存储单元中，如图 1.8 所示。

(2) 链式存储结构是把逻辑上相邻的结点存储在物理上任意的存储单元里，结点之间的逻辑关系由附加的指针域来体现。每个结点所占的存储单元包括两部分：一部分存放结点本身的信息，即数据域；另一部分存放后继结点的地址，即指针域，结点间的逻辑关系由附加的指针域表示。这种存储结构的优点是不会出现碎片现象，能够充分利用所有的存储单元，而且在进行插入和删除结点操作时只需修改指针，而不需移动大量元素；缺点是每个结点在存储时都要附加指针域，占用较多的存储空间。链式存储结构常借助于程序设计语言中的指针类型来描述。例如，图 1.9 所示为表示复数 Z=3.0+2.5i 的链式存储结构。其中地址 1000 存放实部，地址 1100 存放虚部，实部与虚部的关系用值为"1100"的指针来表示。

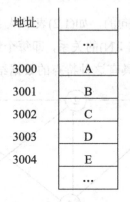

图 1.8　顺序存储结构

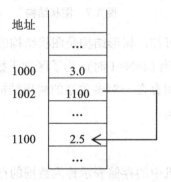

图 1.9　链式存储结构

(3) 索引存储结构是用结点的索引号来确定结点的存储地址。在储存结点信息的同时，要建立附加的索引表。优点是检索速度快；缺点是增加了附加的索引表，占用较多的存储空间；在进行插入和删除结点的操作时需要修改索引表而花费较多时间。

(4) 散列(Hash)存储结构是根据结点的关键字值直接计算出该结点的存储地址。通过散列函数把结点间的逻辑关系对应到不同的物理空间。优点是检索、插入和删除结点的操作都很快；缺点是当采用不好的散列函数时可能会出现结点存储单元的冲突，为解决冲突需要附加时间和空间的开销。

数据的存储结构是研究数据结构的重要方面，熟练地掌握好各种存储结构，尤其是顺序存储结构和链式存储结构，是编写出高效的计算机程序和大型的应用软件的前提条件。

3. 数据的运算

为了更有效地处理数据，提高数据运算效率，我们按一定的逻辑结构把数据组织起来，并选择适当的存储表示方法把按逻辑结构组织好的数据存储到计算机的存储器里,数据的运算是定义在数据的逻辑结构上的,但运算的具体实现要在存储结构上运行,数据的各种逻辑结构有相应的各种运算,每种逻辑结构都有一个运算的集合,这里只对几种常用的运算进行简要介绍。

(1) 检索:即在数据结构里查找满足一定条件的结点,一般是给定某字段的值,找具有该字段值的结点。

(2) 插入:即往数据结构里增加新的结点。

(3) 删除:把指定的结点从数据结构里去掉。

(4) 更新:改变指定结点的一个或多个字段的值。

插入、删除、更新运算都包含着一个检索运算,以确定插入、删除、更新的确切位置。

数据结构三个方面的关系为:数据的逻辑结构、数据的存储结构及数据的运算三个方面构成一个数据结构的整体。存储结构是数据及其关系在计算机内的存储表示。同一逻辑结构采用不同的存储方式,即可对应不同的数据结构。例如,线性表若采用顺序存储方式,则可以称为顺序表;若采用链式存储方式,则可以称为链表;若采用散列存储方式,则可以称为散列表。在实际应用中,根据需要,通常采用相比之下较为合适的存储结构。

1.3 抽象数据类型

首先我们了解一下在程序设计语言中出现的各种数据类型。

1.3.1 数据类型

数据类型(Data Type)是和数据结构密切相关的一个概念。它最早出现在高级程序设计语言中,用以表示程序中操作对象的特性。在用高级语言编写的程序中,每个变量、常量或表达式都有一个它所属的确定的数据类型。类型显式地或隐含地规定了在程序执行期间变量或表达式所有可能的取值范围,以及在这些值上允许进行的操作。因此,数据类型是一个值的集合和定义在这个值集上的一组操作的总称。

在高级程序设计语言中,数据类型可分为两类:一类是原子类型,另一类则是结构类型。原子类型的值是不可分解的。如 C 语言中整型、字符型、浮点型、双精度型等基本类型,分别用保留字 int、char、float、double 标识。而结构类型的值是由若干成分按某种结构组成的,因此是可分解的,并且它的成分可以是非结构的,也可以是结构的。例如,数组的值由若干分量组成,每个分量可以是整数,也可以是数组等。在某种意义上,数据结构可以看成是"一组具有相同结构的值",而数据类型则可被看成是由一种数据结构和定义在其上的一组操作所组成的。

1.3.2 抽象数据类型概述

抽象数据类型(Abstract Data Type，ADT)，是指一个数学模型以及定义在此数学模型上的一组操作。抽象数据类型需要通过固有数据类型(高级编程语言中已实现的数据类型)来实现。

抽象数据类型是与表示无关的数据类型，是一个数据模型及定义在该模型上的一组运算。对一个抽象数据类型进行定义时，必须给出它的名字及各运算的运算符名，即函数名，并且规定这些函数的参数性质。一旦定义了一个抽象数据类型及其具体实现，程序设计中就可以像使用基本数据类型那样，十分方便地使用抽象数据类型。

抽象数据类型的描述包括给出抽象数据类型的名称、数据的集合、数据之间的关系和操作的集合等方面的描述。抽象数据类型的设计者根据这些描述给出操作的具体实现，抽象数据类型的使用者依据这些描述使用抽象数据类型。

抽象数据类型的形式化定义如下：

```
ADT=(D,S,P)
D={数据对象}
S={D上的关系集}
P={对D的基本操作集}
```

定义形式：

```
ADT 抽象数据类型名称 {
    数据对象：
    ...
    数据关系：
    ...
    基本操作：
    操作名1：
    ...
    操作名n：
}ADT 抽象数据类型名称
```

抽象数据类型的示例如下：

```
ADT Triplet{
数据对象：D={e1,e2,e3 | e1,e2,e3 属于 ElemSet}
数据关系：R={<e1,e2>,<e2,e3>}
基本操作：InitTriplet(&T,v1,v2,v3)
         DestroyTriplet(&T)
         Get(T,i,&e)
         Put(&T,i,e)
         ...
         }ADT Triplet
```

1.4 算法和算法分析

在计算机领域，一个算法实质上是针对所处理问题的需要，在数据的逻辑结构和存储结构的基础上实施的一种运算。由于数据的逻辑结构和存储结构不是唯一的，所以处理同一个问题的算法也不是唯一的；即使对于具有相同逻辑结构和存储结构的问题而言，由于设计思想和设计技巧不同，编写出来的算法也不大相同。学习数据结构这门课程的目的，就是要学会根据实际问题的需要，为数据选择合适的逻辑结构和存储结构，进而设计出合理和实用的算法。

1.4.1 算法的基本概念

既然算法在程序设计中如此重要，那么什么是算法呢？我们先看看这样的问题：假设计算两个整型数据的和，我们可以采用某种语言将这个求和运算的过程描述出来，那么这个运算过程的描述，就可以看成是一个小小的算法；另外，将一组给定的数据由小到大进行排序，解决的方法有若干种，而每一种排序方法就是一种算法。从上面的问题描述中，我们对算法应该有了一个大概的了解，简单地说，算法类似于程序设计中的函数。

1. 算法

算法(Algorithm)是指用于解决特定问题的方法，是对问题求解过程的一种描述。它是指令的有限序列，其中每一条指令表示计算机的一个或多个操作。

2. 算法的特征

算法是解决问题的特定方法，但它不同于计算方法，原因是算法有它自己的一些特征。

(1) 有穷性。一个算法必须总是(对任何合法的输入值)在执行有穷步之后结束，且每一步都可在有穷时间内完成。即一个算法对于任意一组合法输入值，在执行有穷步骤之后一定要结束。

(2) 确定性。对于每种情况下所对应执行的操作，在算法中都有确切的规定，算法的执行者或阅读者都能明确其含义及如何执行。并且在任何条件下，算法都只有一条执行路径。

(3) 可行性。算法中的所有操作都可以通过已经实现的基本运算执行有限次来实现。

(4) 有输入。一个算法应该有 0 个或多个由外界提供的量(输入)。没有输入的算法是缺乏灵活性的算法。算法开始时，一般要给出初始数据，这里 0 个输入是指算法的初始数据在算法内部给出，不需要从外部输入数据。

(5) 有输出。一个算法应该产生 1 个或多个结果(输出)。没有输出的算法是没有实用意义的算法。输出与输入有着特定的关系，输出可以看成是算法对输入进行加工处理的结果，因而，算法可以看成一个函数：输出= f(输入)。

3. 算法与程序的区别

算法与程序的区别有以下几点。

(1) 一个算法必须在有穷步之后结束，一个程序不一定满足有穷性。例如，操作系统是一个程序，可以执行任务，在没有任务运行时，它并不终止，而是处于等待状态，直到有新的任务进入。因为在没有任务执行期间，操作系统本身并不停止运行，即不满足有穷性，因而它不是一个算法。

(2) 程序中的指令必须是机器可执行的，而算法中的指令则无此限制。

(3) 算法代表了对问题的求解过程，而程序则是算法在计算机上的实现。

(4) 算法和数据结构是相辅相成的。

4. 算法的设计目标

对于一个特定的问题，采用不同的存储结构，其算法描述一般是不相同的，即使在同一种存储结构下，也可以采用不同的求解策略，从而有许多不同的算法。那么，对于解决同一问题的不同算法，选择哪一种算法较为合适，以及如何对现有的算法进行改进，从而设计出更好的算法，这就是算法的评价问题。

算法的评价标准主要有如下几个。

(1) 正确性。算法应当满足具体问题的需求，这是算法设计的基本目标。通常一个大型问题的需求以特定的规格说明方式给出。这种问题需求一般包括对于输入、输出、处理等明确的无歧义性的描述，涉及的算法应当能正确地实现这种需求。

(2) 可读性。即使算法已转变为机器可执行的程序，也需要考虑让人们能够较好地阅读与理解。可读性有助于对算法的理解及帮助排除算法中隐藏的错误，也有助于算法的交流和移植。

(3) 健壮性。当输入不合法的数据时，算法应能做出相应的处理，而不应产生不可预料的结果。

(4) 高效率。算法的效率是指算法执行时间的长短。对同一个问题如果有多个算法可供选择，应尽可能选择执行时间短的，也就是高效率的算法。算法的效率也称为算法的时间复杂度。

(5) 低存储量需求。算法的存储量需求是指算法执行期间所需要的最大存储空间。对于同一个问题如果有多个算法可供选择，应尽可能选择存储量需求低的算法。算法的存储量需求也称作算法的空间复杂度。算法的高效率和低存储量往往是互相矛盾的。

5. 算法的描述

一个算法可以用自然语言、流程图、高级程序设计语言(如 Pascal、C、C++语言)、类语言(如类 C)等来描述，在本书中选用 C 语言作为描述算法的工具。

【例1.4】 输入一个整数,将它倒过来输出。

(1) 自然语言:使用日常的自然语言(可以是中文、英文,或中英文结合)来描述算法,特点是简单易懂,便于人们对算法的阅读和理解,但不能直接在计算机上执行。

用自然语言描述该算法:

第一步,输入一个整数送给 x。

第二步,求 x 除以 10 的余数,结果送给 d,并输出 d。

第三步,求 x 除以 10 的整数商,结果送给 x。

第四步,重复第二步和第三步,直到 x 变为 0 时终止。

(2) 流程图:使用程序流程图、N-S 图等描述算法,特点是描述过程简明直观,但不能直接在计算机上执行。目前,在一些高级语言程序设计中仍然采用这种方法来描述算法,但必须通过编程语言将它转换成高级语言源程序才可以被计算机执行。使用流程图描述例1.4 如图 1.10 所示。

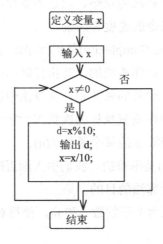

图 1.10 流程图

(3) 高级程序设计语言:使用程序设计语言(如 C 或 C++)描述算法,可以直接在计算机上执行,但设计算法的过程不太容易且不直观,需要借助于注释才能看明白。

```
void funtion( )
{   int x;
    scanf("%d",&x);
    while (x!=0)
    {   d=x%10;
        printf("%d",d);
        x=x/10;
    }
    printf("\n")
}
```

(4) 类语言:为解决理解与执行的矛盾,常使用一种称为伪代码(即类语言)的语言来描述算法。类语言介于高级程序设计语言和自然语言之间,它忽略高级程序设计语言中一些严格的语法规则与描述细节,因此它比高级程序设计语言更容易描述和被人理解,而且比自然语言更接近高级程序设计语言。它虽然不能直接执行,但很容易被转换成高级语言。

使用类 C 语言描述例 1.4 如下:

```
输入一个整数送 x;
while (x≠0) do
{    d=x%10;
     输出 d;
     x=x/10;
}
```

1.4.2 算法的时间复杂度

程序运行消耗的时间取决于算法的策略、问题的规模、语言的层次、编译程序所产生的机器代码的质量、机器执行指令的速度等因素。

一个程序的时间复杂度(Time Complexity)是指程序运行从开始到结束所需要的时间。

一个算法是由控制结构和原操作构成的,其执行时间取决于两者的综合效果。为了便于比较同一问题的不同算法,通常的做法是:从算法中选取一种对于所研究的问题来说是基本运算的原操作,以该原操作重复执行的次数作为算法的时间度量。一般情况下,算法中原操作重复执行的次数是规模 n 的某个函数 T(n)。

许多时候要精确地计算 T(n)是困难的,我们引入渐近时间复杂度在数量上估计一个算法的执行时间,也能够达到分析算法的目的。

定义(大 O 记号):如果存在两个正常数 c 和 n_0,使得对所有的 n, n≥n_0,有:

$f(n) \leq cg(n)$

则有:

$f(n) = O(g(n))$

使用大 O 记号表示的算法的时间复杂度,称为算法的渐近时间复杂度(Asymptotic Complexity)。

【例 1.5】求下列语句的时间复杂度。

(1)　{++x;s=0;}

(2)　for(i=1;i<=n;++i)
　　　{++x ; s+=x;}

(3)　for(i=1;i<=n;++i)
　　　　for(j=1;j<=n;++j)
　　　　　{++x; s+=x;}

分析如下:

(1) 将 x 自增看成是基本操作,则语句频度为 1,即时间复杂度为 O(1);如果将 s=0 也看成是基本操作,则语句频度为 2,其时间复杂度仍为 O(1),即常量阶。

(2) 语句频度为 2n,其时间复杂度为 O(n),即线性阶。

(3) 语句频度为 $2n^2$,其时间复杂度为 $O(n^2)$,即平方阶。

常见的渐近时间复杂度有:

$O(1) < O(\log_2 n) < O(n) < O(n\log_2 n) < O(n^2) < O(n^3) < O(2^n)$

【例 1.6】 试分析下列算法的功能,并且给出 Unknown( ) 函数的时间复杂度。

```
int a[ ]={2,5,1,7,9,3,6,8},n=8;
void Unknown(int j,int n)
{   int i,temp;
    if (j<n)
    {   for(i=j;i<n;i++)
        if (a[i]<a[j])
        {   temp=a[i];
            a[i]=a[j];
            a[j]=temp;
        }
        j++;
        Unknown(j,n);
    }
}
void main()
{   int i;
    Unknown(0,n);
    for(i=0;i<n;i++)
        printf("%d",a[i]);
}
```

分析如下:

Unknown() 函数的功能是递归实现排序。

设 T(n) 是时间复杂度,在排序 n 个元素时,算法的计算时间主要花费在递归调用 Unknown() 上。第一次调用时,处理过程分为两大步:第一步是将序列中每个元素与最前面的元素进行比较,若小于最前面的元素则交换位置,这需要 n−1 次比较,经过该步骤的处理,使得最小的元素位于第一个位置上;第二步是对余下的 n−1 个元素进行排序,因其时间复杂度为 T(n−1),由此可得到如下方程:

$$T(n) = \begin{cases} 0 & n=1 \\ T(n-1)+n-1 & n>1 \end{cases}$$

对此方程递推求解得:

T(n)=T(n−1)+n−1=(T(n−2)+n−2)+n−1=T(n−2)+(n−2)+(n−1)=T(n−3)+(n−3)+(n−2)+(n−1)=…

$$=(T(1)+1)+2+3+\cdots+(n-2)+(n-1)=0+1+2+\cdots+(n-2)+(n-1)=\frac{n(n-1)}{2}$$

因此，函数 Unknown()的时间复杂度为 $O(n^2)$。

1.4.3 算法的空间复杂度

算法的空间复杂度(Space Complexity)是指算法从开始运行到运行结束所需的存储空间，即算法执行过程中所需的最大存储空间。

算法的一次运行是指对所求解的问题的某一特定实例而言的。例如，求解排序问题的排序算法的每次执行是对一组特定个数的元素进行排序。对该组元素的排序是排序问题的一个实例。元素个数可视为该实例的特征。

类似于算法的时间复杂度，算法的空间复杂度通常也是采用一个数量级来度量。记作：$S(n)=O(g(n))$，称 $S(n)$ 为算法的渐近空间复杂度。

算法运行所需的存储空间包括以下两部分：

(1) 固定部分。这部分空间与所处理数据的大小和个数无关，或者称与问题的实例的特征无关。主要包括程序代码、常量、简单变量、定长成分的结构变量所占的空间。

(2) 可变部分。这部分空间大小与算法在某次执行中处理的特定数据的大小和规模有关。例如 100 个数据元素的排序算法与 1000 个数据元素的排序算法所需要的存储空间显然是不同的。

当问题的规模较大时，可变部分可能会远大于固定部分，所以一般讨论算法的渐近空间复杂度是指算法执行期间可变部分所占空间。空间复杂度的分析与时间复杂度类似。

一般情况下，算法的时间效率和空间效率是一对矛盾体。有时算法的时间效率高是以使用了更多的存储空间为代价的。有时候又因内存空间不足，需要将数据压缩存储，从而会降低算法的运行时间。

本 章 小 结

(1) 数据结构研究的三方面内容是数据的逻辑结构、数据的存储结构和对数据的运算。数据的逻辑结构可分为集合、线性、树和图四种基本结构。数据的存储结构有顺序、链式、索引和散列四种存储结构。

(2) 算法是对特定问题求解步骤的一种描述，是指令的有限序列。算法具有有穷性、确定性、可行性、输入、输出特性。

(3) 一个好的算法应该达到正确性、可读性、健壮性、高效性和低存储量等目标。

(4) 算法的效率通常用时间复杂度和空间复杂度来评价，应该掌握其基本分析方法。一般只要大致计算出相应的数量级即可。一个算法的时间和空间复杂度越好，则算法的效率就越高。

习 题

一、填空题

1. 数据的_____是数据的逻辑结构在计算机存储器内的表示。
2. 数据的逻辑结构可以分为_____结构和_____结构两大类。
3. _____和_____合称为非线性结构。
4. 在树形结构中，除了树根结点以外，其余每个结点只有_____个前驱结点。
5. 在图状结构中，每个结点的前驱结点数和后继结点数可以是_____。
6. 数据的存储结构又叫_____。
7. 顺序存储结构是把逻辑上相邻的结点存储在物理上_____的存储单元里，结点之间的逻辑关系由存储单元位置的邻接关系来体现。
8. 链式存储结构是把逻辑上相邻的结点存储在物理上_____的存储单元里，结点之间的逻辑关系由附加的指针域来体现。
9. _____是指用于解决特定问题的方法，是对问题求解过程的一种描述。
10. 算法分析的两个主要方面是_____复杂度和_____复杂度。

二、选择题

1. (　　)是数据的最小单元，(　　)是数据的基本单元。
   A. 数据项　　　B. 数据元素　　　C. 信息项　　　D. 表元素
2. 数据结构是指(　　)以及它们之间的(　　)。
   A. 运算　　　　B. 结构　　　　C. 数据元素　　D. 计算方法
3. 数据的运算(　　)。
   A. 效率与采用何种存储结构有关　　B. 是根据存储结构来定义的
   C. 有算数运算和关系运算两大类　　D. 必须用程序设计语言来描述
4. 下列关于算法的说法错误的是(　　)。
   A. 算法最终必须由计算机程序实现
   B. 为解决某问题的算法同为该问题编写的程序含义是相同的
   C. 算法的可行性是指指令不能有二义性
   D. 算法经过有穷步运算后能够结束
5. 算法分析的主要目的是(　　)。
   A. 分析数据结构的合理性
   B. 分析数据结构的复杂性
   C. 分析算法的时空效率以求改进
   D. 分析算法的有穷性和确定性

6. 一个正确的算法应该具有"可行性"等 5 个特性，下面对另外 4 个特性描述不正确的是( )。

    A. 有穷性   B. 确定性

    C. 有零个或多个输入   D. 有零个或多个输出

三、应用题

1. 下列是某种数据结构的二元组表示，试画出其图形表示，并指出属于何种数据结构类型。

(1) B=(K, R)，其中：

K={a, b, c, d, e, f, g, h}

R={r}

r={⟨d, b⟩，⟨d, g⟩，⟨d, a⟩，⟨b, c⟩，⟨g, e⟩，⟨g, h⟩，⟨a, f⟩}

(2) B=(K, R)，其中：

K={1, 2, 3, 4, 5, 6}

R={r}

r={(1, 2), (2, 3), (2, 4), (3, 4), (3, 5), (3, 6), (4, 5), (4, 6)}

2. 计算下列程序段的渐近时间复杂度，用数量级 O( ) 表示，问题的输入规模都为 n。

(1)
```
void f1(int n)
{   int i=1,k=0;
    while(i<n)
    {   k+=10*i;
        i++;
    }
}
```

(2)
```
void f2(int n)
{   int i=91,j=100;
    while(i>0)
        if(i>100)
        {   x-=10;
            y--;
        }
        else
            i++;
}
```

(3)
```
void f3(int n)
{   int i=1;
    while(i<n)
        i*=3;
}
```

第 2 章 线 性 表

学习目标与要求：

本章通过实例引出线性表的逻辑定义，介绍了关于线性表的基本操作，以及使用顺序结构和链式结构实现线性表的存储，并在两种存储结构上使用 C 语言实现其基本的操作算法，同时进行时间复杂度的分析；另外还介绍了使用循环链表以及双向链表来描述线性表及其若干基本操作的实现。通过本章的学习，要求掌握如下主要内容。

- 了解线性表的逻辑定义。
- 熟练掌握线性表的顺序存储结构及顺序表的基本操作，并能够分析顺序表上各基本操作的时间复杂度。
- 熟练掌握线性表的链式存储结构——单链表以及单链表上的各基本操作的实现，并能够分析单链表上各基本操作的时间复杂度。
- 掌握循环链表和双向链表两种存储结构。
- 掌握顺序表和单链表各自的特点及各自适用的场合。
- 能够利用顺序表和单链表的基本操作实现关于线性表复杂算法的设计。

2.1 线性表的定义及其基本操作

2.1.1 线性表的引例

某学校大一学生的成绩表如表 2.1 所示，表中每个学生的情况为一个数据元素或称为记录，它由学号、姓名、英语、高数、计算机 5 个数据项组成。

表 2.1　学生成绩表

学　号	姓　名	英　语	高　数	计算机
020101	陈红	79	67	93
020102	王伟	87	85	78
020103	黄小娟	65	90	74
…	…	…	…	…

又例如一年有十二个月，可以用数字的集合表示为(1, 2, 3, 4, 5, 6, 7, 8, 9, 10, 11, 12)。以上都是线性表的具体实例。可以看到以上两个例子都具有下面共同的特点：无论是单一的数值还是具有结构的记录，同一表中的数据元素的类型都是相同的。

2.1.2 线性表的定义

一个线性表是由零个或多个具有相同类型的数据元素组成的一个有序集合。通常把线性表记作：

L: $(a_1, a_2, a_3, \cdots, a_i, \cdots, a_n)$

元素的个数 n 称为线性表的长度，n=0 时，线性表为空表。线性表中每个元素的位置都是确定的，a_1 是第一个数据元素，a_n 是最后一个数据元素。每个元素 a_i 都有一个直接前驱 a_{i-1}，一个直接后继 a_{i+1}。线性表的特征为数据元素之间具有一对一的线性关系。

2.1.3 线性表的基本操作

上面给出了线性表的数学模型，下面给出定义在该数学模型上的基本操作。

(1) INITIATE(L)：初始化操作，生成一个空的线性表 L。

(2) LENGTH(L)：求表长度的操作。函数的返回值为线性表 L 中数据元素的个数。

(3) GET(L, i)：取表中位置 i 处的元素。当 1≤i≤LENGTH(L)时，函数值为线性表 L 中位置 i 处的数据元素，否则返回一个空值。

(4) LOCATE(L, x)：定位操作。给定值 x，在线性表 L 中若存在和 x 相等的数据元素，则函数返回该数据元素的位置值，否则返回 0。若线性表中存在一个以上和 x 相等的数据元素，则函数返回第一个和 x 相等的数据元素的位置值。

(5) INSERT(L, I, b)：插入操作。在给定的线性表 L 中的位置 i(1≤i≤LENGTH(L)+1)处插入数据元素 b。

(6) DELETE(L, i)：删除操作。在线性表 L 中删除位置 i(1≤i≤LENGTH(L))处的数据元素。

(7) EMPTY(L)：判断线性表 L 是否为空。若 L 为空，则函数返回 1，否则函数返回 0。

(8) CLEAR(L)：置空操作。将线性表 L 置成空表。

除了以上 8 个基本操作外，对于线性表还可以做一些较为复杂的运算，如将两个线性表合并成一个线性表的操作等，这些运算都可以利用上述的基本操作来实现。

2.2 线性表的顺序存储结构

2.2.1 顺序表结构

线性表的实现包括以下两部分。

(1) 选择适当的形式来存储线性表。

(2) 用相应的函数实现线性表的基本操作。

在计算机中可以用不同的方式来存储线性表，主要的存储结构有两种：顺序存储结构和链式存储结构。本节介绍线性表的顺序存储结构，用顺序存储结构存储的线性表又称为顺序表。

线性表的顺序存储指的是用一组地址连续的存储单元依次存储线性表的数据元素。假设线性表中的元素为$(a_1, a_2, \cdots, a_n)$，在内存中开辟一段长度为 maxsize 大小的存储空间，线性表中第一个数据元素 a_1 在内存中的起始地址 $LOC(a_1)=b$，线性表中每个数据元素在计算机中占据 d 个存储单元，那么，第 i 个数据元素 a_i 在内存中的地址可以通过下面的公式计算得出：

$$LOC(a_i)=LOC(a_1)+(i-1)×d$$

图 2.1 所示为线性表在计算机内的顺序存储结构示意图。

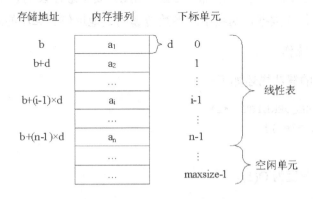

图 2.1　顺序存储结构示意图

顺序表的特点是以元素在计算机内"物理位置相邻"来表示线性表中数据元素之间的逻辑关系。在顺序表中，只要知道第一个数据元素的存储位置，就可以找到其他所有数据元素的位置，因此顺序表具有随机存取的特点。

由于高级程序设计语言中的数组类型也有随机存取的特性，因此，通常用数组来描述数据结构中的顺序存储结构。顺序表使用 C 语言的一维数组描述如下：

```
#define    DATATYPE1    int
#define    MAXSIZE      100
typedef    struct
{   DATATYPE1  data[MAXSIZE];
    int  len;
}SEQUENLIST;
```

在上述描述中，定义一个结构体类型 SEQUENLIST 来表示顺序表，其中数组 data 的最大长度为 MAXSIZE，用来存储线性表中的数据元素；整数类型的数据 len 用来指明线性表的长度。

2.2.2 顺序表的基本操作

1. 初始化操作

初始化操作的算法描述如下：

```
void INITIATE(SEQUENLIST *L)
{   L->len=0;
    return;
}
```

初始化操作就是生成一个空的顺序表 L，因此只要将顺序表的长度 len 赋值为 0 即可，数组 data 中不输入任何数据。函数中的参数传递的是地址值。算法的时间复杂度为 O(1)。

2. 求表长度的操作

求表长度操作的算法描述如下：

```
int LENGTH(SEQUENLIST *L)
{   return(L->len);
}
```

算法的时间复杂度为 O(1)。

3. 取元素操作

取元素操作的算法描述如下：

```
DATATYPE1 GET( SEQUENLIST *L,int i)
{   if( i<1||i>L->len)
        return(NULL);
    else
        return(L->data[i-1]);
}
```

算法的时间复杂度为 O(1)。

4. 定位操作

定位操作的函数描述如下：

```
int LOCATE( SEQUENLIST *L,DATATYPE1 x)
{   int k;
    k=1;
    while( k<=L->len&&L->data[k-1]!=x)
        k++;
    if( k<=L->len)
        return(k);
```

```
    else
        return(0);
}
```

算法的时间复杂度为 O(n)。

5. 插入操作

插入操作完成的是在顺序表 L 中的位置 i(1≤i≤LENGTH(L)+1)处插入数据元素 b。在进行插入操作之前，首先必须判断位置 i 是否存在，若位置 i 不存在，则给出错误信息；若位置 i 存在，则进行插入操作。在插入数据元素时，要判断数组中是否有空的位置，若有空的存储单元，则将位置 n 到位置 i 的数据元素分别向后移动一个位置，将位置 i 空出之后，才能将数据元素插入。算法描述如下：

```
void INSERT(SEQUENLIST *L,int i,DATATYPE1 b)
{   int k;
    if (i<1||i>L->len+1||L->len>=MAXSIZE)  /*判断位置i是否存在以及是否有空的*/
        printf( "error");                  /*存储单元*/
    else
    {   for(k=L->len;k>=i;k--)             /*将位置i之后的数据元素向后移动一个位置*/
            L->data[k]=L->data[k-1];
        L->data[i-1]=b;
        L->len++;
    }
}
```

图 2.2 所示为在具有 7 个数据元素的顺序表中位置 4 处插入数据 10 前后的情况。这里值得注意的是：由于 C 语言中数组的存储是从 0 单元开始的，而在顺序表中所进行的操作，都是指的位置值，如插入操作是在线性表的位置 i 处插入数据元素 b，位置 i 在一维数组中对应的是 i-1 单元，所以是将数据元素 b 插入到了数组的 i-1 单元中，因此，用数组来表示线性表时，位置值总是比单元号大 1。在图 2.2 中，左边表示数组的单元号，右边表示顺序表的位置值。

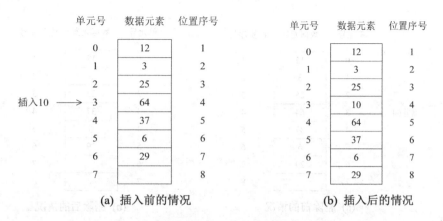

图 2.2 顺序表中插入数据元素前后的情况

从上面的插入算法可以看出，当在顺序表中进行插入操作时，其时间主要耗费在移动数据元素上。移动元素的次数不仅和表长有关，还与插入位置 i 有关，这里假设表长为 n，执行插入操作元素后移的次数是 n-i+1。当 i=1 时，元素后移的次数为 n 次，当 i=n+1 时，元素后移的次数是 0 次，则该算法在最好情况下的时间复杂度为 O(1)，最坏情况下的时间复杂度为 O(n)。下面进一步分析算法的平均时间复杂度：设 P_i 为在顺序表中第 i 个位置插入一个元素的概率，假设在表中任意位置插入数据元素的机会是均等的，则

$$P_i = \frac{1}{n+1}$$

设 E_{is} 为移动元素的平均次数，在表中位置 i 处插入一个数据元素需要移动元素的次数为 n-i+1，因此

$$E_{is} = \sum_{i=1}^{n+1}(n-i+1) = \sum_{i=1}^{n+1}\frac{n-i+1}{n+1} = \frac{n}{2}$$

也就是说在顺序表上做插入操作，平均要移动一半的元素。就数量级而言，它是线性阶的，算法的平均时间复杂度为 O(n)。

6. 删除操作

删除操作是将位置 i 处的数据元素从顺序表中删除。首先必须判断位置 i 是否存在，若不存在，则给出错误信息；若存在，则将位置 i+1 之后的所有数据元素分别向上移动一个位置。具体操作见图 2.3。删除操作的算法描述如下：

```
void DELETE( SEQUENLIST *L,int i)
{ int k;
    if( i<1||i>L->len||L->len==0)         /*判断位置 i 是否存在以及表是否为空*/
        printf( "error");
    else
    { for( k=i+1;k<=L->len;k++)           /*从位置 i+1 处的数据元素到表的最后一
        L->data[k-2]=L->data[k-1];         个数据元素各自向前移动一个位置*/
        L->len--;
    }
}
```

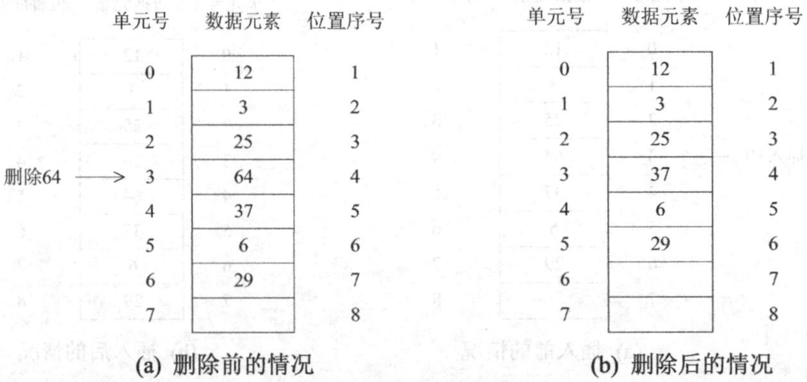

单元号	数据元素	位置序号		单元号	数据元素	位置序号
0	12	1		0	12	1
1	3	2		1	3	2
2	25	3		2	25	3
删除64 → 3	64	4		3	37	4
4	37	5		4	6	5
5	6	6		5	29	6
6	29	7		6		7
7		8		7		8

(a) 删除前的情况　　　　　　　　　(b) 删除后的情况

图 2.3　顺序表中删除数据元素前后的情况

这里值得注意的是：在移动数据元素的过程中，先从位置 i+1 的数据开始，将位置 i+1 的数据移到位置 i 处，然后再移动位置 i+2 的数据，将位置 i+2 的数据移动到位置 i+1 处，以此类推，直到最后一个数据。如果反过来，从最后一个数据元素开始移动，则会覆盖掉前一位置的数据，从而发生错误。算法的时间复杂度为 O(n)。

7. 判断表空的操作

判断表空操作的算法描述如下：

```
int  EMPTY( SEQUENLIST   *L)
{   if( L->len==0)
        return(1);
    else
        return(0);
}
```

算法的时间复杂度为 O(1)。

下面给出调用顺序表基本操作的主函数。

```
main()
{   SEQUENLIST list,*L;
    int i,j;
    L=&list;
    INITIATE(L);              /*初始化一个空的顺序表*/
    printf("输入线性表的元素,-99结束：\n");
    scanf("%d",&i);
    j=1;
    while(i!=-99)             /*调用插入函数建立线性表*/
    {   INSERT(L,j,i);
        j++;
        scanf("%d",&i);
    }
    for(i=1;i<=LENGTH(L);i++)  /*调用求长度操作和取元素操作将顺序表输出*/
        printf("%d\t",GET(L,i));
    printf("\n输入要查找的元素值：");
    scanf("%d",&i);
    printf("该元素在线性表中的位置为：%d",LOCATE(L,i));
    i=1;
    while(!EMPTY(L))          /*调用删除函数将顺序表中元素删除*/
        DELETE(L,i);
    if(EMPTY(L))
        printf("\n线性表已空！");
}
```

2.3 线性表的链式存储结构

2.3.1 链式存储结构

线性表的链式存储结构的特点是用一组任意的存储单元存储线性表的数据元素,这组存储单元可以是连续的,也可以是不连续的。因此,为了能正确表示数据元素之间的线性关系,引入了结点的概念,一个结点表示线性表中的一个数据元素,结点中除了存储数据元素的信息,还必须存放指向下一个结点的指针(即下一个结点的地址值)。那么,一个线性表就是由若干个结点组成,每个结点含有两个域,一个域 data 用来存储数据元素的信息,另一个域 next 用来存储指向下一结点的指针,一个结点的结构表示如图 2.4 所示。

图 2.4 一个结点的结构

如果线性表为$(a_1, a_2, \cdots, a_n)$,则存放 a_i 的结点中 data 域中存储 a_i,next 域中存储指向 a_{i+1} 的指针,其中 i=1, 2, …, n-1,存放 a_n 的结点中 data 域中存储元素 a_n,next 域中存储一个空的指针 NULL。为了处理空表方便,引入一个头结点,它的 data 域中不存储任何信息,next 域中存储指向线性表第一个元素的指针。本章中如无特殊说明,以后建立的单链表都为带头结点的链表。线性表$(a_1, a_2, \cdots, a_n)$用单链表表示如图 2.5 所示。

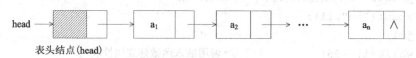

图 2.5 单链表表示的线性表

单链表可以由指向头结点的指针 head 唯一确定,假设单链表中存储的是字符型数据,使用 C 语言来描述单链表的结点的类型如下:

```
#define  DATATYPE2  char
typedef  struct  node
{   DATATYPE2  data;
    struct  node  *next;
}LINKLIST;
```

2.3.2 单链表上的基本运算

1. 建立单链表

建立单链表的过程就是生成结点并链接结点的过程。设单链表中的数据类型为字符型,依次从键盘上输入这些字符,以'\n'作为结束标志。建立单链表有如下两种方法。

1) 尾插入法建立单链表

尾插入法建立单链表是指首先建立头结点，构成一个空的单链表，然后按照输入字符数据的次序，将字符数据依次链接到已经建好的单链表的末尾。图 2.6 所示为尾插入法建立单链表输入第二个字符的过程。

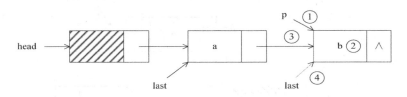

图 2.6　尾插入法建立单链表插入第二个结点的过程

```
LINKLIST *rcreate( )
{   LINKLIST *head,*last,*p;
    char ch;
    p=( LINKLIST *)malloc( sizeof( LINKLIST));
    head=p;
    last=p;
    p->next=NULL;
    while( ( ch=getchar( ) )!= '\n')
    {   p=(LINKLIST *)malloc(sizeof(LINKLIST));   /*对应图 2.6 中的①*/
        p->data=ch;                                /*对应图 2.6 中的②*/
        last->next=p;                              /*对应图 2.6 中的③*/
        last=p;                                    /*对应图 2.6 中的④*/
        p->next=NULL;
    }
    return(head);
}
```

算法的时间复杂度为 O(n)。

2) 头插入法建立单链表

头插入法建立单链表是指首先建立头结点，然后输入第一个字符数据，将其链接到头结点，之后依次输入字符数据，将输入的字符数据插入到已经建立好的单链表的头结点与第一个结点之间。图 2.7 所示为采用头插入法建立单链表插入第二个结点的过程。

```
LINKLIST *hcreate( )
{   LINKLIST *head,*p;
    char ch;
    head=( LINKLIST *)malloc( sizeof( LINKLIST));
    head->next=NULL;
    while( ( ch=getchar( ) )!= '\n')
    {   p=( LINKLIST *)malloc( sizeof( LINKLIST));   /*对应图 2.7 中的①*/
        p->data=ch;                                   /*对应图 2.7 中的②*/
```

```
        p->next=head->next;                    /*对应图2.7中的③*/
        head->next=p;                          /*对应图2.7中的④*/
    }
    return(head);
}
```

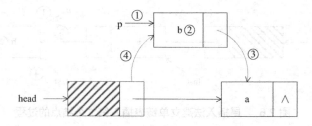

图 2.7　采用头插入法建立单链表插入第二个结点的过程

算法的时间复杂度为 O(n)。

2. 初始化操作

初始化操作是将线性表初始化为一个空的线性表，算法描述如下：

```
LINKLIST *INITIATE( )
{   LINKLIST *head;
    head=(LINKLIST *)malloc(sizeof(LINKLIST));
    head->next=NULL;
    return(head);
}
```

算法的时间复杂度为 O(1)。

3. 求表长度的操作

求表长度的操作的算法描述如下：

```
int  LENGTH( LINKLIST *head)
{   int i;                                     /*变量i记录结点个数*/
    LINKLIST *p;
    p=head;
    i=0;
    while(p->next!=NULL)
    {   p=p->next;
        i++;
    }
    return(i);
}
```

由于单链表表示的线性表没有直接给出表的长度，因此必须通过一个循环语句来求结点的个数。算法中使用指针 p 跟踪每一个结点，p 的初始值指向头结点 head，此时记录结点个数的变量 i 赋初始值 0，接下来指针 p 每向下移动一个位置，变量 i 就做加 1 的操作，直到单链表结束，最终 i 的值就是链表长度。算法的时间复杂度为 O(n)。

4. 取元素操作

取元素操作是指查找单链表中位置 i 的元素，若找到，则返回该值，否则返回一个空值。要实现该操作，首先要找到处于位置 i 处的结点，确定了该结点的地址 p 后，函数只要返回 p->data 就可以了。具体算法实现如下：

```
DATATYPE2 GET(LINKLIST *head,int i)
{   int j;
    LINKLIST *p;
    j=0;                          /*j 为计数器*/
    p=head;
    while((j<i)&&(p->next!=NULL))  /*寻找位置 i*/
    {   p=p->next;
        j=j+1;
    }
    if(j==i)
        return(p->data);
    else
        return(NULL);
}
```

算法的时间复杂度为 O(n)。

5. 定位操作

定位操作是在单链表中查找给定的数据值，如果查找成功，则返回该值的位置；否则，返回一个空值。在单链表上查找某一数据元素，只能从头开始，设置指针 p，p 最初指向单链表的第一个数据元素，即 p=head->next，然后比较给定的数据和 p 所指结点 data 域的值，如果相等，则返回该结点的地址 p；如果不相等，则指针 p 向后移动一个位置，指向下一个数据元素，接下来重复上面比较的过程，直至单链表结束都没有找到，则返回一个空指针值 NULL。具体算法实现如下：

```
LINKLIST *LOCATE(LINKLIST *head,DATATYPE2 x)
{   LINKLIST *p;
    p=head->next;
    while(p!=NULL&&p->data!=x)
        p=p->next;
    return(p);
}
```

算法的时间复杂度为 O(n)。

6. 插入操作

插入操作是指在线性表的位置 i 处插入一个数据元素。在单链表中实现插入操作,首先建立一个新的结点,用来存储要插入数据的信息,然后查找位置 i-1,如果找到,则在位置 i-1 之后插入数据元素;否则,给出相应的出错信息。图 2.8 所示为找到位置 i-1 后插入数据元素的过程。

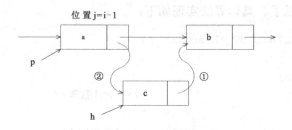

图 2.8　在位置 i 处插入数据元素 c

插入操作的具体算法实现如下:

```
void  INSERT(LINKLIST *head,int i,DATATYPE2 x)
{    int j;
     LINKLIST *h,*p;
     h=(LINKLIST*)malloc(sizeof(LINKLIST));    /*建立新结点*/
     h->data=x;           /*将要插入的数据元素 x 放在新结点的 data 域*/
     h->next=NULL;
     p=head;                     /*初始化指针 p 指向头结点*/
     j=0;                        /*j 为计数器*/
     while((p->next!=NULL)&&(j<i-1))
     {   p=p->next;
         j=j+1;
     }   /*寻找位置 i-1,指针 p 向后跟踪每个结点,同时计数器 j 做加 1 操作,直至 p 指向第
         i-1 个元素或单链表结束*/
     if(j==i-1)                             /*找到位置 i-1*/
     {   h->next=p->next;                   /*对应图 2.8 中的①*/
         p->next=h;                         /*对应图 2.8 中的②*/
     }     /*将结点 h 插入到单链表的位置 i-1 之后,即位置 i 处*/
     else
         printf("insert fail");
}
```

在找到位置 i-1 后,插入新结点时,要注意结点之间的链接次序,在图 2.8 中,必须先连①,再连②,否则会出现错误。

在单链表上实现插入操作时不需要移动大量的数据元素,但需要确定插入位置。这是单链表与顺序表在实现插入操作时的不同之处。该算法所花费的时间主要在查找上,所以算法的时间复杂度为 O(n)。

7. 删除操作

删除操作是删除位置 i 处的数据元素。删除操作首先要查找位置 i 处的数据元素,如果找到,则删除该数据,删除的过程与插入操作一样,要先找到位置 i-1 处的结点 p,然后将结点 p 与位置 i 后的结点相连接,其过程同样是对链的正确链接;若没有找到位置 i 处的数据元素,则给出相应的错误信息。图 2.9 给出了在单链表中找到位置 i 处的数据元素后,删除数据元素的过程。

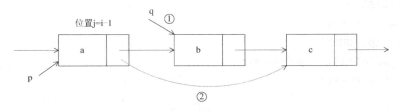

图 2.9 删除位置 i 处的元素 b

删除操作的具体算法实现如下:

```
void  DELETE(LINKLIST *head,int i)
{   int j;
    LINKLIST *p,*q;
    p=head;
    j=0;
    while((p->next!=NULL)&&(j<i-1))   /*寻找位置i-1,并用p记录其位置*/
    {   p=p->next;
        j=j+1;
    }
    if((p->next!=NULL)&&(j==i-1))     /*找到位置i*/
    {   q=p->next;                    /*q指向位置i的结点,对应图2.9中的①*/
        p->next=q->next;              /*对应图2.9中的②*/
        free(q);                      /*释放指针q所指的存储空间*/
    }
    else                              /*未找到位置i*/
        printf("delete fail");
}
```

算法的时间复杂度为 O(n)。

8. 判断表空的操作

判断表空操作的算法描述如下:

```
int  EMPTY(LINKLIST *head)
```

```
{   if(head->next==NULL)
        return(1);
    else
        return(0);
}
```
算法的时间复杂度为 O(1)。

9. 单链表的输出

单链表的输出是将单链表中存储的所有数据元素打印输出的过程。算法实现如下:

```
void print(LINKLIST *head)
{   LINKLIST *p;
    p=head->next;
    while(p!=NULL)
    {   printf("%c",p->data);
        p=p->next;
    }
}
```

算法的时间复杂度为 O(n)。

下面给出调用单链表上述基本操作的主函数。

```
main()
{   LINKLIST *head,*p;
    char ch;
    head=hcreate();          /*头插入法建立单链表*/
    print(head);             /*输出单链表*/
    printf("\n") ;
    INSERT(head,1,'m');      /*在位置1插入一个元素m*/
    print(head);
    printf("\n");
    ch=GET(head,1);          /*取位置1处的元素m*/
    printf("%c",ch);
    printf("\n");
    p=LOCATE(head,'m');      /*确定m的位置*/
    printf("%c",p->data);    /*输出数据m*/
    printf("\n");
    DELETE(head,1);          /*删除位置1的元素m*/
    print(head);
    printf("\n");
    printf("%d",LENGTH(head));
}
```

2.3.3 循环链表和双向链表

线性表的链式存储结构除了可以使用单链表表示外,还可以表示成循环链表和双向链表的形式。

1. 循环链表结构

让单链表的最后一个结点的指针域指向头结点,则整个链表形成了一个环状,构成单循环链表,在不引起混淆时称为循环链表(后面还要提到双向循环链表)。循环链表的好处是从表中任一结点出发均可找到表中其他结点。图2.10所示为循环链表。

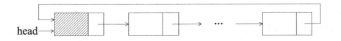

图 2.10 带头结点的循环链表示意图

循环链表的很多操作都是在表的首尾位置进行的,因此使用指向循环链表末尾结点的指针来标识一个线性表,则实现其操作会更加容易。图2.11所示为循环链表使用指针rear来标识。例如将两个线性表合并成一个表时,使用设立尾指针的循环链表表示时,设一个表用rear1表示,另一个表用rear2表示,合并的过程只需下面三条语句即可:p=rear1->next; rea1->next=rear2->next->next;和rear2->next=p;。

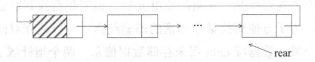

图 2.11 使用尾指针 rear 标识的循环链表示意图

使用循环链表表示线性表,同样可以实现线性表上的各种基本操作。

使用如图2.11所示的循环链表结构,实现在循环链表的最左端插入一个数据元素的算法如下:

```
void LINSERT(LINKLIST *rear,DATATYPE2 x)
{    LINKLIST *p;
     p=(LINKLIST *)malloc(sizeof(LINKLIST));
     p->data=x;
     p->next=NULL;
     if( rear->next==rear)
     {    rear->next=p;
          rear=p;
     }
     else
     {    p->next=rear->next->next;
          rear->next->next=p;
     }
```

}

下面的主函数首先使用尾插入法建立单链表的函数 rcreate 建立单链表,然后找到单链表最后一个结点,让其 next 域指向头结点,从而构建了一个循环链表,然后调用 LINSERT,在循环链表最左端插入一个数据 m,最后输出该循环链表的所有数据。

```
main()
{   LINKLIST *rear,*head,*p,*q;
    head=rcreate();          /*建立一个单链表*/
    q=head->next;
    while(q->next!=NULL)  /*查找最后一个结点*/
        q=q->next;
    q->next=head;
    rear=q;
    LINSERT(rear, 'm');
    p=rear->next;
    q=p->next;
    while(q!=p)              /*输出循环链表*/
    {   printf("%c",q->data);
        q=q->next;
    }
}
```

2. 双向链表结构

单链表可以很有效地查找某一元素的后继元素,但若想查找其前驱元素,则必须从头开始顺序向后查找,为了方便查找某个元素的前驱结点,可以建立双向链表。双向链表的每个结点都包含三个域,数据域 data 用来存储数据信息,两个指针域 prior 和 next 分别指向结点的前驱结点和后继结点。双向链表的结点结构使用 C 语言描述如下:

```
typedef struct node
{   DATATYPE2 data;
    struct node *next, *prior;
}DLINKLIST;
```

双向链表的形式如图 2.12 所示。将双向链表的头结点和尾结点链接起来也能构成循环链表,称为双向循环链表,如图 2.13 所示。

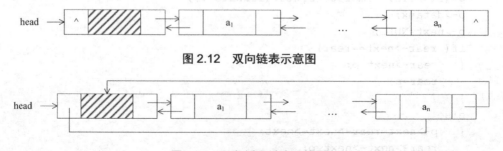

图 2.12　双向链表示意图

图 2.13　双向循环链表示意图

双向链表是一种对称结构,在双向链表中,有些操作如LENGTH、LOCATE、GET等仅需涉及一个方向的指针,它们的算法描述和单链表的操作相同,但是对于插入和删除操作却有很大的不同,在双向链表中需同时修改两个方向上的指针。图2.14所示为在双向链表中结点p之前插入一个结点指针的变化情况,图2.15所示为在双向链表中删除结点p时指针的变化情况。

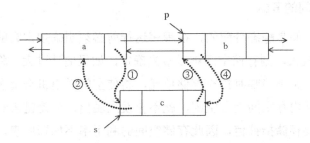

图2.14　在双向链表中插入一个结点指针的变化情况

在双向链表中结点p之前插入一个结点的操作运算如下:

```
void DINSERT(DLINKLIST *p,DATATYPE2 x)
{   DLINKLIST *s;
    s=(DLINKLIST *)malloc(sizeof(DLINKLIST));
    s->data=x;
    p->prior->next=s;              /*对应图2.14中的①*/
    s->prior=p->prior;             /*对应图2.14中的②*/
    s->next=p;                     /*对应图2.14中的③*/
    p->prior=s;                    /*对应图2.14中的④*/
}
```

在双向链表中删除结点p的算法如下:

```
void DDELETE(DLINKLIST *p)
{   p->prior->next=p->next;        /*对应图2.15中的①*/
    p->next->prior=p->prior;       /*对应图2.15中的②*/
    free(p);
}
```

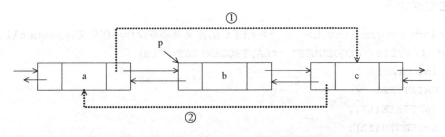

图2.15　在双向链表中删除一个结点指针的变化情况

2.4 顺序表与链表的比较

至此已经介绍了线性表的两种存储结构：顺序存储结构和链式存储结构。在实际应用中，应该选择哪种存储结构要根据具体的要求来确定，一般可以从以下两个方面来考虑。

1. 基于存储空间的考虑

顺序表的存储空间是静态分配的，在程序运行前必须明确规定它的存储规模，如果线性表的长度 n 变化较大，则存储空间难以事先确定，如果估计过大，将造成大量存储单元的浪费，估计过小，又不能临时扩充存储单元，将使空间溢出机会增多。链表的存储空间是动态分配的，只要内存空间尚有空闲，就不会发生溢出，但是链表结构除了要存储必要的数据信息外，还要存储指针值，因此存储空间的利用率不如顺序表。综上所述，在线性表的长度变化不大，存储空间可以事先估计时，可以采用顺序表来存储线性表；否则，应当选用链表来存储线性表。

2. 基于时间性能的考虑

顺序表是一种随机访问的表，对顺序表中的每个数据都可快速存取，而链表是一种顺序访问的表，存取数据元素时，需从头开始向后逐一扫描，因此若线性表的操作需频繁进行查找，很少作插入和删除操作时，宜采用顺序表结构。

在链表中进行插入和删除操作时，仅需修改指针，而在顺序表中进行插入和删除操作时，平均要移动表中近一半的元素，尤其是当每个结点的信息量较大时，移动元素的时间开销会相当大。因此，对于频繁进行插入和删除操作的线性表，宜采用链式存储结构。

2.5 线性表的应用

【例 2.1】已知一个顺序表 LA，现在要求复制一个 LA 的拷贝 LB。

这个算法实现的思路是：定义两个等长度的顺序表，将 LB 初始化为空表，然后依次从 LA 中取数据元素，插入到顺序表 LB 对应的位置上。

算法实现如下：

```
#include<sequenlist.h>      /*将顺序表的定义及基本操作写在头文件sequenlist.h中*/
void  COPYLIST(SEQUENLIST *LA,SEQUENLIST *LB)
{    int  k,n;
     DATATYPE1   x;
     INITIATE(LB);
     n=LENGTH(LA);
     if(n!=0)
         for(k=1;k<=n;k++)
```

```
            {   x=GET(LA,k);
                INSERT(LB,k,x);
            }
        else
            printf("List is empty");
}
void create(SEQUENLIST *L)          /*建立顺序表*/
{   int i,j,k;
    printf("输入线性表的元素,-99结束");
    scanf("%d",&i);
    j=0;
    k=0;
    while(i!=-99)
    {   j++;
        L->data[k]=i;
        k++;
        scanf("%d",&i);
    }
    L->len=j;
}
void print(SEQUENLIST *L)           /*输出顺序表*/
{   int i;
    for(i=0;i<L->len;i++)
        printf("%d\t",L->data[i]);
}
main()
{   SEQUENLIST a,b,*la,*lb;
    la=&a;
    lb=&b;
    create(la);
    print(la);
    COPYLIST(la,lb);
    print(lb);
}
```

【例 2.2】 已知一顺序表如表 2.1 所示,表中记录按学号递增有序,要求在表中增加一个学生的记录,该学生的学号、姓名、英语、高数、计算机的成绩从键盘输入,增加记录后,表仍递增有序。

算法实现的思路为:这里顺序表中数据元素的类型为结构体类型,因此首先定义该结构体类型,再定义顺序表类型。另外,顺序表中的记录是按照学号递增有序的,所以,在建立顺序表的时候,要注意将顺序表建成一个递增有序的表。插入数据的过程与前面顺序表上的基本操作中插入数据元素的过程类似,只是多了一步在有序表中寻找插入位置的过程，因此，函数的参数只有一个有序表 L，而没有位置 i 和数据元素 b，数据元素 b 是在函数中从键盘输入的，位置 i 是通过一条循环语句查找到的。下列程序给出了建立有序表的过程、插入数据元素的过程、输出有序表的过程和调用它们的主函数。

```c
#define MAXSIZE 100
typedef struct
{   long id;
    char name[10];
    int English;
    int maths;
    int computer;
}student;                              /*结构体类型表示学生的情况*/
typedef struct
{   student data[MAXSIZE];
    int len;
}SEQUENLIST1;                          /*定义线性表*/
void create_stu(SEQUENLIST1 *L)        /*创建有序表*/
{   long a;
    int c,d,e,i,j;
    char b[10];
    printf("输入学生的学号、姓名、英语、高数、计算机成绩,学号为-99时结束！\n");
    L->len=0;
    printf("输入学生的学号：\n");
    scanf("%ld",&a);
    while( a!= -99)
    {   printf("输入学生的姓名,英语,高数,计算机成绩：\n");
        scanf("%s%d%d%d",b,&c,&d,&e);
        i=L->len;
        while( i>=1&&a<L->data[i-1].id)       /*寻找插入单元i*/
            i--;
        for(j=L->len;j>i;j--)   /*i 单元后的所有元素向后移动一个单元*/
        {   L->data[j].id=L->data[j-1].id;
            strcpy(L->data[j].name,L->data[j-1].name);
            L->data[j].English=L->data[j-1].English;
            L->data[j].maths=L->data[j-1].maths;
            L->data[j].computer=L->data[j-1].computer;
        }
        L->data[i].id=a;              /*在 i 单元插入新输入的数据元素*/
        strcpy(L->data[i].name,b);
        L->data[i].English=c;
        L->data[i].maths=d;
        L->data[i].computer=e;
        L->len++;
```

```c
        printf("输入学生的学号：\n");
        scanf("%ld",&a);
    }
}
void insert_stu(SEQUENLIST1 *L)              /*插入一个学生的记录*/
{   long a;
    int  c,d,e,i,j;
    char b[10];
    printf("输入学生的学号、姓名、英语、高数、计算机成绩\n");
    scanf("%ld%s%d%d%d",&a,b,&c,&d,&e);
    i=L->len;
    while(i>=1&&a<L->data[i-1].id)
        i--;
    for(j=L->len;j>i;j--)
    {   L->data[j].id=L->data[j-1].id;
        strcpy(L->data[j].name,L->data[j-1].name);
        L->data[j].English=L->data[j-1].English;
        L->data[j].maths=L->data[j-1].maths;
        L->data[j].computer=L->data[j-1].computer;
    }
    L->data[i].id=a;
    strcpy(L->data[i].name,b);
    L->data[i].English=c;
    L->data[i].maths=d;
    L->data[i].computer=e;
    L->len++;
}
void print(SEQUENLIST1 *L)                   /*显示所有学生记录*/
{   int i;
    printf("学号    姓名    英语    高数    计算机\n");
    for(i=1;i<=L->len;i++)
        printf("%-8ld%-8s%-8d%-8d%-8d\n",L->data[i-1].id, L->data[i-1].name,
            L->data[i-1].English,L->data[i-1].maths,L->data[i-1].computer);
}
main()
{   SEQUENLIST1 stulist,*L;
    L=&stulist;
    create_stu(L);
    print(L);
    insert_stu(L);
    print(L);
}
```

【例2.3】 在一个非递减有序的线性表中，插入一个值为 x 的元素，使插入后的线性表仍为非递减有序表，用带头结点的单链表编写算法。

算法实现的思路为：在有序单链表中插入一个数据元素 x，首先要找到该元素应该插入到什么位置，才能保证插入后的单链表仍为有序表。因此，算法的第一步是寻找 x 的位置：设置指针 p、q，最初 p 指向头结点，q 指向头结点的下一个结点，比较 q 所指数据域的值与 x 的大小，如果小于 x，则 p、q 分别向后移动一个位置，使 p 始终作为 q 的前驱结点，然后重复上面的比较过程；如果比较结果大于 x 或是比较到最后单链表结束了，则找到了插入位置，在 p 与 q 之间插入结点 x 即可。算法的具体实现如下：

```c
#include <linklist.h>   /*将单链表的定义及基本操作写在头文件linklist.h中*/
LINKLIST *create_order()           /*建立非递减有序单链表*/
{   LINKLIST *head,*t, *p, *q;
    char ch;
    t=(LINKLIST *)malloc(sizeof(LINKLIST));      /*建立头结点*/
    head=t;
    t->next=NULL;
    while((ch=getchar())!='\n')
    {   t=(LINKLIST *)malloc(sizeof(LINKLIST));
        t->data=ch;
        q=head;
        p=head->next;
        while(p!=NULL&&p->data<ch)
        {   q=p;
            p=p->next;
        }
        q->next=t;
        t->next=p;
    }
    return(head);
}
void insert_order(LINKLIST *head,DATATYPE2 x)
{   LINKLIST *p, *q, *h;
    h=(LINKLIST *)malloc(sizeof(LINKLIST));
    h->data=x;
    h->next=NULL;
    p=head;
    q=head->next;
    while(q!=NULL&&q->data<x)
    {   p=q;
        q=q->next;
    }
    h->next=q;
```

```
        p->next=h;
}
main()
{   LINKLIST *head;
    head=create_order();
    insert_order(head, 'p');
    print(head);              /*调用头文件中单链表的基本操作print,输出单链表*/
}
```

【例 2.4】 用单链表解决约瑟夫问题。约瑟夫问题为：n 个人围成一圈，从某个人开始报数 1, 2, …, m，数到 m 的人出圈，然后从出圈的下一个人(m+1)开始重复此过程，直到全部人出圈，于是得到一个新的序列，如当 n=8，m=4 时，若从第一个位置数起，则所得到的新的序列为 4, 8, 5, 2, 1, 3, 7, 6。

算法实现的思路为：n 个人用 1, 2, …, n 进行编号，使用不带头结点的单链表来存储，报数从 1 号开始，若某个人出圈，则将其打印输出，并将该结点删除，再对剩余的 n-1 个人重复同样的过程，直到链表中只剩下一个结点，将其输出即可。算法的具体实现如下：

```
#include "stdio.h"
#define NULL 0
typedef struct node
{   int  data;
    struct node *next;
}LINKLIST2;
LINKLIST2 *rcreate1( )              /*建立不带头结点的单链表*/
{   LINKLIST2 *head,*last,*p;
    int ch;
    scanf("%d",&ch);
    p=(LINKLIST2 *)malloc(sizeof(LINKLIST2));
    p->data=ch;
    head=p;
    last=p;
    p->next=NULL;
    scanf("%d",&ch);
    while(ch!=-99)
    {
        p=(LINKLIST2 *)malloc(sizeof(LINKLIST2));
        p->data=ch;
        last->next=p;
        last=p;
        p->next=NULL;
        scanf("%d",&ch);
    }
```

```c
        return(head);
    }
    void josepho(LINKLIST2 *head,int n,int m)
    {   LINKLIST2 *p,*q;
        int i,j;
        p=head;
        i=1;                        /*记数标志,开始报数*/
        for(j=1;j<n;j++)
        {   while(i!=m)             /*查找出圈的号码*/
            {   if(p->next!=NULL)
                {   q=p;            /*记录p的前一位置,为后面的删除操作做准备*/
                    p=p->next;
                    i=i+1;
                }
                else
                {   p=head;
                    i=i+1;
                }
            }
            printf("%4d,",p->data);
            /*删除出圈结点*/
            if(p= =head)            /*出圈结点是第一个结点时*/
            {   head=p->next;
                p=p->next;
            }
            else if(p->next= =NULL)  /*出圈结点是最后一个结点时*/
            {   q->next=NULL;
                p=head;
            }
            else
            {   q->next=p->next;
                p=p->next;
            }
            i=1;                    /*记数标志重新赋值为1,重新开始报数*/
        }
        printf("%4d",p->data);
    }
    main()
    {   LINKLIST2 *head;
        head=rcreate1();
        josepho(head,8,4);
    }
```

本 章 小 结

(1) 线性表的主要特征是数据之间具有一对一的线性关系,据此可以采用顺序存储和链式存储结构进行存储。

(2) 线性表的顺序存储结构是采用一组连续的存储单元来存储线性表中的数据元素。

(3) 链式存储结构是用一组任意的存储单元来存储线性表的数据元素,这组存储单元可以是连续的,也可以是不连续的,包括单链表、循环链表和双向链表存储结构。

(4) 除了线性表的存储结构外,建立在各种存储结构上的操作也是本章学习的重点内容。在顺序存储结构中,顺序表的插入和删除是本章的难点内容,在学习的时候,一定要注意数据移动的次序;其次在顺序表的各种基本操作中,要注意顺序表的位置和数组下标之间的关系。在学习单链表时,要具备扎实的指针操作和内存动态分配的编程技术;在进行链表的插入和删除操作时,要注意各条链的链接顺序;充分理解链表的结构并不是固定不变的,在实际应用中,根据题目要求的不同,可以自己设计合理的链表结构,不要过分拘泥于形式。

习 题

一、填空题

1. 一线性表表示为:$(a_1, a_2, \cdots, a_n)$,其中每个 a_i 代表一个_____。a_1 称为_____结点,a_n 称为_____结点,i 称为 a_i 在线性表中的_____。对任意一对相邻结点 a_i, a_{i+1}($1 \leq i \leq n$),a_i 称为 a_{i+1} 的直接_____,a_{i+1} 称为 a_i 的直接_____。

2. 线性表 a 中数据元素长度为 4,在顺序存储结构下 $LOC(a_1)=1000$,则 $LOC(a_3)=$_____。

3. 线性表 L=(a, b, c, d, e),经运算 DELETE(L, 3)后,L=_____,再经过 INSERT(L, 2, w)运算后,L=_____。调用函数 GET(L, 3)的结果为_____。

4. 在一个长度为 n 的顺序表中,向第 i 个元素($1 \leq i \leq n$)之前插入一个新元素时,需向后移动_____个元素。

5. 在单链表中除首结点外,任意结点的存储位置都由_____结点中的指针指示。

6. 在单链表中设置头结点的作用是在插入和删除首结点时不必对_____进行特殊处理。

7. 设 rear 是指向非空、带头结点的循环单链表的尾指针,则该链表首结点的存储位置是_____。

8. 在带有头结点的单链表 L 中,若要删除第一个结点,则需执行下列三条语句:_____;

L->next=U->next; free(U);。

二、选择题

1. 顺序表的一个存储结点仅存储线性表的一个(   )。

   A．数据元素   B．数据项
   C．数据   D．数据结构

2. 对于顺序表，以下说法错误的是(   )。

   A．顺序表是用一维数组实现的线性表，数组的下标可以看成是元素的绝对地址
   B．顺序表的所有存储结点按相应数据元素间的逻辑关系决定的次序依次排列
   C．顺序表的特点是：逻辑结构中相邻的结点在存储结构中仍相邻
   D．顺序表的特点是：逻辑上相邻的元素，存储在物理位置也相邻的单元中

3. L 是顺序表，已知 LENGTH(L)的值是 5，经运算 DELETE(L, 2)后 LENGTH(L)的值是(   )。

   A．5   B．0
   C．4   D．6

4. 带头结点的单链表 head 为空的判断条件是(   )。

   A．head==NULL   B．head->next==NULL
   C．head->next==head   D．head!=NULL

5. 若某线性表最常用的操作是取第 i 个元素和找第 i 个元素的前驱元素，则采取(   )存储方式最节省时间。

   A．单链表   B．双链表
   C．单向循环链表   D．顺序表

6. 链表不具有的特点是(   )。

   A．随机访问   B．不必事先估计存储空间
   C．插入删除时不需移动元素 D．所需的空间与线性表成正比

7. 在一个单链表中，已知 q 所指结点是 p 所指结点的直接前驱，若在 p、q 之间插入 s 结点，则执行(   )操作。

   A．s->next=p->next;p->next=s;   B．q->next=s;s->next=p;
   C．p->next=s->next;s->next=p;   D．p->next=s;s->next=q;

三、判断题

1. 顺序表可以方便地随机存取表中的任一元素。   (   )
2. 顺序表上插入一个数据元素的操作的时间复杂度为 O(1)。   (   )
3. 顺序表中作删除操作时不需移动大量数据元素。   (   )
4. 在线性表的链式存储结构中，表中元素的逻辑顺序与物理顺序一定相同。   (   )
5. 对双向链表来说，结点*p 的存储位置既存放在其前驱结点的后继指针域中，也存放

在它的后继结点的前驱指针域中。   (   )

6. 在顺序表和单链表上实现读表元素运算的平均时间复杂度均为 O(1)。   (   )

四、应用题

1. 试述顺序表的优缺点。

2. 对以下单链表分别执行下列各程序段，并画出结果示意图。

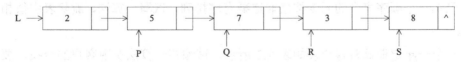

(1) Q=P->next;

(2) L=P->next;

(3) R->data=P->data;

(4) R->data=P->next->data;

(5) P->next->next->next->data=P->data;

(6) T=P;

　　while(T!=NULL){T->data=T->data*2;T=T->next;}

(7) T=P;

　　while(T->next!=NULL){T->data=T->data*2;T=T->next;}

3. 已知带表头结点的非空单链表 L，指针 P 指向 L 链表中的一个结点(非首结点、非尾结点)，试从下列提供的答案中选择合适的语句序列。

(1) 删除 P 结点的直接后继结点的语句是_____；

(2) 删除 P 结点的直接前驱结点的语句序列是_____；

(3) 删除 P 结点的语句序列是_____；

(4) 删除首结点的语句序列是_____；

(5) 删除尾结点的语句序列是_____。

a) P=P->next;

b) P->next=P;

c) P->next=P->next->next;

d) P=P->next->next;

e) while(P!=NULL) P=P->next;

f) while(Q->next!=NULL) {P=Q;Q=Q->next;}

g) while(P->next!=Q) P=P->next;

h) while(P->next->next!=Q) P=P->next;

i) while(P->next->next!=NULL) P=P->next;

j) Q=P;

k) Q=P->next;
l) P=L;
m) L=L->next;
n) free(Q);

五、算法设计题

1. 已知一个顺序表中的元素按值非递减有序排列，试写一算法，删除表中值相同的多余元素。

2. 一个一年定期储蓄客户表如表 2.2 所示，试编写一算法实现客户的查找。要求输入账号后，能够输出客户的所有信息。

表 2.2 一年定期储蓄客户表

账　号	姓　名	金　额
23001	李明	5000
23008	贾燕	6000
23190	王昭	2100
23451	谢永丰	4500

3. 设有两个线性表 A 和 B 均使用单链表结构存储，同一表中元素各不相同，且递增有序，写一算法，构成一个新的线性表 C，使 C 为 A 和 B 的交集，且 C 中元素也递增有序。

第3章 栈和队列

学习目标与要求：

栈和队列是在程序设计中被广泛使用的两种线性数据结构。栈只允许在表的一端进行插入或删除操作，而队列只允许在表的一端进行插入操作，而在另一端进行删除操作。因而，栈和队列也可以被称作为操作受限的线性表。通过本章的学习，要求掌握如下主要内容。

- 熟练掌握栈的顺序存储表示和基本操作的实现。
- 熟练掌握栈的链式存储表示和基本操作的实现。
- 能够利用栈设计算法解决简单的应用问题。
- 熟练掌握队列的顺序存储表示和基本操作的实现。
- 熟练掌握队列的链式存储表示和基本操作的实现。
- 能够利用队列设计算法解决简单的应用问题。

3.1 栈

3.1.1 栈的引例

为了说明栈的概念，举一个简单的例子。把餐馆中洗净的一叠盘子看作一个栈。通常情况下，最先洗净的盘子总是放在最下面，后洗净的盘子放在先洗净的盘子上面，最后洗净的盘子总是放在最上面；使用时，总是先从顶上取走，也就是说，后洗净的盘子先取走，先洗净的盘子后取走，即所谓的"先进后出"。栈的应用非常广泛，对高级语言中表达式的处理就是通过栈来实现的。

3.1.2 栈的定义及基本操作

栈(Stack)是限定只能在表的一端进行插入和删除操作的线性表。在表中，允许插入和删除的一端称作"栈顶(top)"，不允许插入和删除的另一端称作"栈底(bottom)"。通常称往栈顶插入元素的操作为入栈或进栈(push)，称删除栈顶元素的操作为出栈或退栈(pop)。当栈中无数据元素时，称为空栈。根据栈的定义可知，后入栈的元素先于先入栈的元素出栈，因此栈被称为是一种后进先出的线性表，简称 LIFO(Last In First Out)表。图 3.1 表示了栈的这种特点。

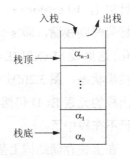

图 3.1 栈的示意图

栈的基本操作如下。

(1) Init_Stack(s)：初始化操作。构造一个空栈。

(2) Stack_Empty(s)：判栈空操作。若栈 s 为空栈，函数返回值为 1；否则，返回值为 0。

(3) Push_Stack(s, x)：入栈操作。在栈 s 的顶部插入一个新元素 x。

(4) Gettop_Stack(s)：读栈顶元素操作。若栈非空，函数返回栈顶元素；若栈空，函数返回值为 0。

(5) Pop_Stack(s)：出栈操作。删除栈 s 的顶部元素，并返回栈顶元素；若栈空，函数返回值为 0。

(6) Clear_Stack(s)：栈置空操作。将栈 s 置为空栈。

(7) StackLength(s)：求栈的长度操作。返回栈 s 中的元素个数。

3.1.3 栈的顺序存储表示和操作的实现

与第 2 章讨论的一般顺序存储结构的线性表一样，利用一组地址连续的存储单元依次存放从栈底到栈顶的数据元素，这种形式的栈称为顺序栈。因此，我们可以使用预设的足够长度的一维数组来实现：datatype data[MAXSIZE]，将栈底设在数组小下标的一端，由于栈顶位置是随着元素的进栈和出栈操作而变化的，因此用一个指针 int top 指向栈顶元素的当前位置。用 C 语言描述顺序栈的数据类型如下：

```
#define datatype char
#define MAXSIZE   100
typedef  struct
{   datatype  data[MAXSIZE];
    int  top;
}SEQSTACK ;
```

定义一个指向顺序栈的指针：

```
SEQSTACK *s;
```

MAXSIZE 是栈 s 的最大容量。鉴于 C 语言中数组的下标约定是从 0 开始的，因而使用一维数组作为栈的存储空间时，应设栈顶指针 s->top=-1 时为空栈。元素入栈时，栈顶指针加 1，即 s->top++；元素出栈时，栈顶指针减 1，即 s->top--。当 top 等于数组的最大下标值时则栈满，即 s->top=MAXSIZE-1。图 3.2 说明了顺序栈中数据元素与栈顶指针的变化。这里设 MAXSIZE=5，图 3.2(a)是空栈状态，图 3.2(b)是元素 A 入栈后的状态，图 3.2(c)是栈满状态，图 3.2(d)是在图 3.2(c)之后 E、D 相继出栈，此时栈中还有 3 个元素，或许最近出栈的元素 E、D 仍然在原先的单元存储着，但 top 指针已经指向了新的栈顶，则元素 E、D 已不在栈中了。

在上述存储结构上基本操作的实现如下。

1. 初始化空栈

```
void Init_Stack(SEQSTACK *s)        /*创建一个空栈由指针 s 指示*/
{   s->top= -1;
}
```

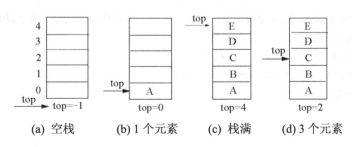

(a) 空栈   (b) 1 个元素   (c) 栈满   (d) 3 个元素

图 3.2　栈顶指针 top 与栈中数据元素的关系

2. 判栈空操作

```
int Stack_Empty (SEQSTACK *s)       /*栈 s 空时，返回 1；非空时，返回 0*/
{   if(s->top==-1)
        return 1;
    else
        return 0;
}
```

3. 入栈操作

```
void Push_Stack(SEQSTACK *s,datatype x)    /*将元素 x 插入到栈 s 中，作为 s 的新栈顶*/
{   if(s->top==MAXSIZE-1)
        printf("Stack full\n");
    else
    {   s->top++;
        s->data[s->top]=x;
    }
}
```

4. 取栈顶元素操作

```
datatype Gettop_Stack(SEQSTACK *s)      /*若栈 s 不为空，则返回栈顶元素*/
{   datatype x;
    if(Stack_Empty (s))             /*栈空*/
    {   printf("Stack empty.\n");
        x=NULL;
    }
    else
```

```
       x=s->data[s->top];
    return x;
}
```

5. 出栈操作

```
datatype Pop_Stack(SEQSTACK *s )         /*若栈 s 不为空,则删除栈顶元素*/
{   datatype x;
    if(Stack_Empty (s))   /*栈空*/
    {   printf(" Stack empty\n");
        x=NULL;
    }
    else
    {   x=s->data[s->top];
        s->top--;
    }
    return x;
}
```

6. 置空操作

```
void Clear_Stack(SEQSTACK *s)            /*将栈 s 的栈顶指针 top 置为-1*/
{   s->top= -1;
}
```

7. 测栈的长度

```
int StackLength(SEQSTACK *s)
{   return s->top+1;
}
```

下面给出调用顺序栈上述基本操作的主函数。

```
main()
{   SEQSTACK stack,*s;
    char ch;
    s=&stack;
    Init_Stack(s);
    scanf("%c",&ch);
    while(ch!='\n')
    {   Push_Stack(s,ch);
        scanf("%c",&ch);
    }
    printf("%d\n",StackLength(s) );
    while(!Stack_Empty(s))
```

```
        { ch=Gettop_Stack(s);
          printf("%c",ch);
          Pop_Stack(s);
        }
}
```

对于其他类型栈的基本操作的实现，只需改变结构体 SEQSTACK 中的数组 data[MAXSIZE]的基本类型，即对 datatype 重新进行宏定义。

对于栈的顺序存储结构的两点说明如下：

(1) 对于顺序栈，入栈时，首先判断栈是否满，栈满的条件为：s->top==MAXSIZE-1，栈满时不能入栈，否则出现空间溢出，引起错误，这种现象称为上溢。

(2) 出栈和读栈顶元素操作时，要先判断栈是否为空，为空时不能操作，否则产生错误(或称为下溢)。通常栈空常作为一种控制转移的条件。

3.1.4 栈的链式存储表示和操作的实现

栈也可以采用链式存储结构表示，使用单链表作为存储结构，把这种栈称为链栈。用 C 语言描述链栈的数据类型如下：

```
typedef struct Stacknode
{   datatype data;
    struct Stacknode *next;
}LINKSTACK;
```

定义一个栈顶指针：

```
LINKSTACK *top ;
```

在一个链栈中，栈底就是链表的最后一个结点，而栈顶总是链表的第一个结点。栈顶指针 top 唯一确定一个链栈，当 top=NULL 时，该链栈是一个空栈。新入栈的元素成为链表的第一个结点，只要系统还有存储空间，就不会有栈满的情况发生。图 3.3 给出了链栈中数据元素与栈顶指针 top 的关系。

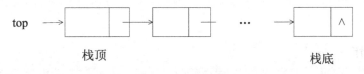

图 3.3 链栈示意图

链栈的基本操作实现如下。

1. 初始化空栈

```
void Init_Stack(LINKSTACK **top)
{   *top=NULL;
```

}

2. 判栈空操作

```
int Stack_Empty (LINKSTACK *top)
{   if(top==NULL)
        return 1;
    else
        return 0;
}
```

3. 入栈操作

```
void  Push_Stack(LINKSTACK  **top, datatype x)
{   LINKSTACK *p;
    p=(LINKSTACK *)malloc(sizeof(LINKSTACK));    /*申请一个结点*/
    p->data=x;
    p->next=*top;
    *top=p;
}
```

> **说明**：因为链栈中的结点是动态分配的，可以不考虑上溢情况，所以没有必要定义判上溢运算。

4. 取栈顶元素操作

```
datatype Gettop_Stack(LINKSTACK *top)
{   datatype x;
    if (top==NULL)           /*空栈*/
        x=NULL;
    else
        x=top->data;
    return x;
}
```

5. 出栈操作

```
datatype Pop_Stack (LINKSTACK **top)
{   datatype x;
    LINKSTACK *p;
    if(*top==NULL)     /*空栈*/
    {   printf(" Stack empty\n");
        x=NULL;
    }
```

```
    else
    {   x=(*top)->data;
        p=*top;
        *top=(*top)->next;
        free(p);
    }
    return x;
}
```

下面给出调用链栈上述基本操作的主函数。

```
main()
{   LINKSTACK *top;
    char ch;
    Init_Stack(&top);
    scanf("%c",&ch);
    while(ch!='\n')
    {   Push_Stack(&top,ch);
        scanf("%c",&ch);
    }
    while(!Stack_Empty(top))
    {   ch=Gettop_Stack(top);
        printf("%c",ch);
        Pop_Stack(&top);
    }
}
```

3.2 栈 的 应 用

【例3.1】将一个非负十进制整数转换成八进制数，使用非递归算法实现。

算法分析：十进制转换成八进制的过程是将十进制整数除 8 得余数，直到商是 0 为止，然后倒排余数。为了得到倒排的余数，可以利用栈来实现，每次运算后将余数压入栈中，直到商为 0，将栈中数据输出即是。使用顺序栈，将顺序栈的定义及其基本操作的实现写在头文件"seqstack.h"中。

算法实现如下：

```
#include "stdio.h"
#include "seqstack.h"
void d_to_o(unsigned x)
{   SEQSTACK stack,*s;
    s=&stack;
    Init_Stack(s);
    while(x!=0)
```

```
        {   Push_Stack(s,x%8);
            x=x/8;
        }
        while(!Stack_Empty(s))
        {   printf("%4d",Gettop_Stack(s));
            Pop_Stack(s);
        }
    }
    main()
    {   unsigned x=150;
        d_to_o(x);
    }
```

【例3.2】实现简单算术表达式的求值问题,能够进行加、减、乘、除和乘方运算。使用时算式采用后缀输入法,例如,若要计算"3+5"则输入 3 5 +; 乘方运算符用"^"表示;每次运算在上一次运算结果的基础上进行。

算法分析:表达式求值是程序设计语言编译中的一个最基本的问题。它的实现方法是栈的一个典型的应用实例。在计算机中,任何一个表达式都是由操作数(operand)、运算符(operator)和界限符(delimiter)组成的。其中操作数可以是常数,也可以是变量或常量的标识符;运算符可以是算术运算符、关系运算符和逻辑运算符;界限符为左右括号和标识表达式结束的结束符。

算法的主要思路是:每当遇到操作数时,便入栈;遇到运算符时,便连续弹出两个操作数并执行运算,然后将运算结果压入栈顶。输入"c"时,清空操作数栈;输入"1"时,显示当前栈顶值;输入"q"时,结束程序。下面只介绍了顺序栈实现的算法,还可以采用链栈实现。这种方法作为实验内容,请读者自己设计。将顺序栈的定义及其基本操作的实现写在头文件"seqstack.h" 中,同时修改宏定义为#define datatype float。具体算法实现如下:

```
#include "stdio.h"
#include "stdlib.h"
#include "math.h"
#include "string.h"
#include "seqstack.h"
main()
{   SEQSTACK  stack,*s;
    float resu,a,b;
    char c[20];
    s=&stack;
    Init_Stack(s);  /* 创建一个空栈*/
    printf(" A simple expressin caculation\n");
    do{
```

```c
            printf(" : ");
            gets(c);
            switch(*c)
            {   case '+': a=Pop_Stack(s);
                          b=Pop_Stack(s);
                          printf(" %f\n",a+b);
                          Push_Stack(s,a+b);
                          break;
                case '-': if(strlen(c)>1)  /*遇'-'需判断是减号还是负号*/
                              Push_Stack(s,atof(c));
                          else
                          {   a=Pop_Stack(s);
                              b=Pop_Stack(s);
                              printf("%f\n",b-a);
                              Push_Stack(s,b-a);}
                          break;
                case '*': a=Pop_Stack(s);
                          b=Pop_Stack(s);
                          printf(" %f\n",a*b);
                          Push_Stack(s,a*b);
                          break;
                case '/': a=Pop_Stack(s);
                          b=Pop_Stack(s);
                          if(a==0)
                          {   printf(" Devide by 0!\n");  /*检查除数是否为0*/
                              Clear_Stack(s);}
                          else
                          {   printf(" %f\n",b/a);
                              Push_Stack(s,b/a);}
                                  break;
                case '^': a=Pop_Stack(s);
                          b=Pop_Stack(s);
                          printf(" %f\n",pow(b,a));
                          Push_Stack(s,pow(b,a));
                          break;
                case 'c': Clear_Stack(s);
                       break;
                case 'l': a=Gettop_Stack(s);
                          printf(" Current value on top of stack is :%f\n",a);
                          break;
                default:  Push_Stack(s,atof(c)); /*读入的是操作数,转换为浮点型后压入栈*/
                          break;
            }
```

```
        }while(*c!='q');
        free(s);
}
```

程序运行实例如下:

```
A simple expressin caculation
:10<cr>
:20<cr>
:+<cr>
30.000000
:15<cr>
:/<cr>
2.000000
:l<cr>
Current value on top of stack is:2.000000
:c<cr>
:16<cr>
:2<cr>
:^<cr>
256.000000
:q<cr>
```

3.3 队　　列

3.3.1 队列的引例

和栈一样,队列也是一种特殊的线性表。对于队列我们并不陌生,商场、银行的柜台前需要排队,餐厅的收款机旁需要排队。这里我们来看一个简单的事件排队问题,用户可以输入和保存一系列事件,每个新事件只能在队尾插入;每次先处理队头事件,即先输入和保存的事件,当队头事件处理完毕后,它就会从事件队列中被删除;还可以查询事件队列中剩余的事件。

3.3.2 队列的定义及基本操作

队列(Queue)是限定只能在表的一端进行插入和在另一端进行删除操作的线性表。在表中,允许插入的一端称作"队列尾(tail)",允许删除的另一端称作"队列头(front)"。向队尾添加元素称为"入队",删除队头元素称为"出队"。根据队列的定义可知,队头元素总是最先进队列,也总是最先出队列;队尾元素总是最后进队列,因而也是最后出队列。因此,队列也被称为"先进先出"表,简称 FIFO(First In First Out)表。图 3.4 表示了队列的这种特点。

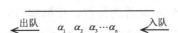

图 3.4 队列示意图

队列的基本操作如下。

(1) Init_Queue(q)：队列初始化操作。构造一个空队列。

(2) Queue_Empty(q)：判队空操作。若队列 q 为空队列，函数返回值为 1；否则返回值为 0。

(3) Add_Queue(q，x)：入队列操作。在队列 q 的尾部插入一个新元素 x。

(4) Gethead_Queue(q)：读队头元素操作。若队列不空，返回队头元素；若队列空，函数返回值为 0。

(5) Del_Queue(q)：出队列操作。若队列不空，删除队头元素，并返回该队头元素；若队列空，函数返回值为 0。

(6) Clear_Queue(q)：队列置空操作。将队列 q 置为空队列。

(7) QueueLength(q)：求队列的长度操作。返回队列 q 中的元素个数。

3.3.3 队列的顺序存储表示和操作的实现

队列是一种特殊的线性表，因此队列可采用顺序存储结构存储，也可以使用链式存储结构存储。利用一组地址连续的存储单元依次存放队列中的数据元素，这种形式的队列称为顺序队列。一般情况下，我们使用一维数组来作为队列的顺序存储空间，另外再设立两个指针：一个为指向队头元素位置的指针 front，另一个为指向队尾元素位置的指针 rear；随着元素的入队和出队操作，front 和 rear 是不断变化的。用 C 语言描述顺序队列的数据类型如下：

```
#define  datatype  char
#define  MAXSIZE  100    /*队列的最大容量*/
typedef  struct
{   datatype  data[MAXSIZE];  /*队列的存储空间*/
    int front,rear;  /*队头队尾指针*/
}SEQQUEUE;
```

定义一个指向顺序队列的指针变量：

```
SEQQUEUE *q;
```

下面分析队列的基本操作的实现。设 MAXSIZE=5，C 语言中，数组的下标是从 0 开始的，因此为了算法设计的方便，我们约定：初始化队列时，q->front=q->rear=-1，图 3.5(a)所示为初始化空队列的情况。在队列中插入一个元素 x，即在队尾插入，则有操作 q->rear++；q->data[q->rear]=x，图 3.5(b)所示为在队列中插入一个元素 A 的情况，此时指针 rear 始终指向队尾元素，front 指向第一个元素前的位置。出队操作，即从队头删除一个数据元素，则有 q->front++，如图 3.5(c)所示，此时队列中有 3 个元素 A、B、C，出队操作，将队头元素 A 删除，front 向上移动一个位置，队列中第一个元素为 B，此时仍有指针 rear 始终指向队尾元素，front 始终指向第一个元素前的位置。由出队操作可知，不断进行出队操作，可得队空的条件 q->rear=q->front，对图 3.5(c)不断进行出队操作，再删除 B、C，front 和 rear 都指向数组的 2 单元，此时队列空。在上述操作的基础上，再进行入队操作，如图 3.5(d)所示，插入两个元素 D、E，rear=4，此时不能再作入队操作，标志着队列满，从而得到队满的条件为 q->rear=MAXSIZE-1。

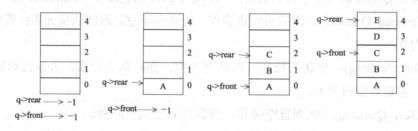

(a) 初始化空队列　　(b) 插入一个元素　　(c) 删除一个元素　　(d) 队满的情况

图 3.5　队列基本操作分析图示

如图 3.5(d)所示，虽然数组中仍有空的存储单元，但条件分析表明数组已满，这种现象称为"假满"，这是由"队尾入，队头出"这种受限操作造成的。解决这一问题的常用方法是采用循环数组，将队列存储空间的最后一个位置绕到第一个位置，即将 q->data[0] 接在 q->data[MAXSIZE-1]之后，形成逻辑上的环状空间，如图 3.6 所示。

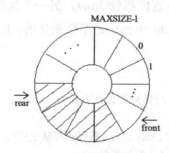

图 3.6　循环队列示意图

实现循环数组的方法为：对任意 i 单元，i=i%MAXSIZE。

下面再来分析使用循环数组存储元素时队列的基本操作情况。

假设初始化操作仍然为：q->front=q->rear=-1；

为了实现循环数组，入队操作变为：q->rear=(q->rear+1)%MAXSIZE;q->data[q->rear]=x；

为了实现循环数组，出队操作变为：q->front=(q->front+1)%MAXSIZE；

front=2 rear=0　　front=2 rear=2　　front=0 rear=0　　front=2 rear=1

再来分析队满和队空的条件。从图 3.7 所示的循环队列可以看出，图 3.7(a)中具有 A、B、C 3 个元素，此时 front=2，rear=0；随着元素 D、E 相继入队，队中具有了 5 个元素，队满情况出现，此时 front=2，rear=2，有 q->front=q->rear，如图 3.7(b)所示。若在图 3.7(a)情况下，元素 A、B、C 相继出队，队空情况出现，此时 front=0，rear=0，也有 q->front=q->rear，如图 3.7(c)所示。上述队满和队空情况出现的过程不同，但"队满"和"队空"情况的结果相同了。这显然是必须要解决的一个问题。我们约定：损失一个存储单元空间不用，即当循环队列中元素的个数是 MAXSIZE-1 时就认为队满了，如图 3.7(d)所示的情况就是队满，这样队满的条件变为：(q->rear+1) % MAXSIZE=q->front，也能和队空区别开。

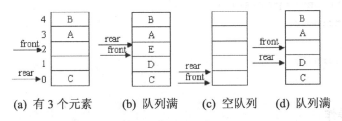

(a) 有 3 个元素　　(b) 队列满　　(c) 空队列　　(d) 队列满

图 3.7　队空、队满条件分析

此时再回过头来分析队列初始化操作。若初始化操作不变，根据前面关于队满的约定，图 3.8(a)所示队列为满队列，此时 rear=3，front=-1，但此时不满足队满的条件(q->rear+1) % MAXSIZE=q->front。所以应修改初始化操作语句为 q->front=q->rear=0，则可以解决矛盾，如图 3.8(b)所示。

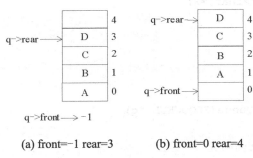

(a) front=-1 rear=3　　(b) front=0 rear=4

图 3.8　初始化操作分析

现将循环队列的基本操作的准则总结如下。

循环队列的初始化条件：q->front=q->rear=0。

循环队列满条件：(q->rear+1) % MAXSIZE=q->front。

循环队列空条件：q->front=q->rear。

循环队列的基本操作实现如下。

1. 初始化队列

```
void Init_Queue(SEQQUEUE *q)
{   q->front=0;
    q->rear=0;
}
```

2. 判队空操作

```
int  Queue_Empty (SEQQUEUE *q)
{   if (q->front==q->rear)
        return 1;
    else
        return 0;
}
```

3. 入队列操作

```
void Add_Queue(SEQQUEUE *q,datatype x)
{   if ((q->rear+1) % MAXSIZE==q->front)
        printf(" Queue full\n");
    else
    {   q->rear=(q->rear+1)%MAXSIZE;
        q->data[q->rear]=x;
    }
}
```

4. 读队头元素操作

```
datatype Gethead_Queue(SEQQUEUE *q)
{   datatype x;
    if (Queue_Empty(q))
        x=NULL;
    else
        x=q->data[(q->front+1)%MAXSIZE];
    return x;
}
```

5. 出队列操作

```
datatype Del_Queue(SEQQUEUE *q)
{   datatype x;
    if (Queue_Empty(q))
    {   printf(" Queue empty\n");
```

```
            x=NULL;
     }
     else
     {   q->front=(q->front+1)%MAXSIZE;
         x= q->data[q->front];
     }
     return x;
}
```

6. 置空操作

```
void Clear_Queue(SEQQUEUE *q)
{   q->front=0;
    q->rear=0;
}
```

7. 求队列长度操作

```
int QueueLength(SEQQUEUE *q)
{   int len;
    len=(MAXSIZE+q->rear-q->front)%MAXSIZE;
    return len;
}
```

下面给出调用循环队列上述基本操作的主函数。

```
main()
{   SEQQUEUE queue,*q;
    char ch;
    q=&queue;
    Init_Queue(q);
    scanf("%c",&ch);
    while(ch!='\n')
    {   Add_Queue(q,ch);
        scanf("%c",&ch);
    }
    printf("%d\n",QueueLength(q));
    while(!Queue_Empty(q))
    {   ch=Gethead_Queue(q);
        printf("%c",ch);
        Del_Queue(q);
    }
}
```

3.3.4 队列的链式存储表示和操作的实现

队列也可以采用链式存储结构表示，这种链式存储结构的队列称为链队列。队列中结点的结构和单链表的结点结构一样。用 C 语言描述链队列的数据类型如下：

```
#define datatype char
typedef struct Queuenode
{   datatype  data;
    struct  Queuenode *next;
} Linknode;      /*链队列结点的类型*/
typedef struct
{   Linknode  *front,*rear;
}LINKQUEUE;     /*将头尾指针封装在一起的链队列*/
```

定义一个指向链队列的指针：

```
LINKQUEUE  *q;
```

LINKQUEUE 类型说明中的两个分量 front 和 rear 均为指针变量，分别指向链队列的队头和队尾。为了操作方便，和线性链表一样，我们也给链队列添加一个头结点，并设定头指针指向头结点。因此，空队列的判定条件就成为头指针和尾指针都指向头结点。图 3.9 列出了链队列元素入队、出队的情况。图 3.9(a)是具有一个头结点的空队列；元素 a、b 相继入队，将链队列中最后一个结点的指针域指向新元素，还要将队列中的尾指针指向新元素，如图 3.9(b)和图 3.9(c)所示；在图 3.9(c)情况下，删除队首元素 a，只需修改头结点的指针域，将其指向队首元素的下一个结点，如图 3.9(d)所示；若链队列中只有一个元素，作删除操作时，除了修改头结点的指针域，还要修改链队列的尾指针，将其指向头结点，如图 3.9(e)所示。

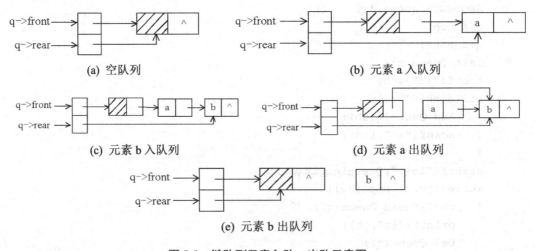

图 3.9 链队列元素入队、出队示意图

链队列的基本运算如下。

1. 初始化队列

```
void Init_Queue(LINKQUEUE *q)
{   Linknode *p;
```

```
    p=(Linknode*)malloc(sizeof(Linknode));    /*申请链队列头结点*/
    p->next=NULL;
    q->front=q->rear=p;
}
```

2. 判队空操作

```
int  Queue_Empty (LINKQUEUE *q)
{   if (q->front==q->rear)
        return 1;
    else
        return 0;
}
```

3. 入队列操作

```
void Add_Queue(LINKQUEUE *q,datatype x)
{   Linknode *p;
    p=(Linknode*)malloc(sizeof(Linknode));
    p->data=x;
    p->next=NULL;              /*置新结点的指针为空*/
    q->rear->next=p;           /*将链队列中最后一个结点的指针指向新结点*/
    q->rear=p;                 /*将队尾指向新结点*/
}
```

4. 读队头元素操作

```
datatype Gethead_Queue(LINKQUEUE *q)
{   Linknode *p;
    datatype x;
    if (Queue_Empty(q))
        x=NULL;
    else
    {   p=q->front->next;       /*取队头*/
        x=p->data;
    }
    return x;
}
```

5. 出队列操作

```
datatype Del_Queue(LINKQUEUE *q)
{   datatype x;
    Linknode *p;
    if(Queue_Empty(q))
```

```
        { printf(" Queue empty\n");
            x=NULL;
        }
        else
        { p=q->front->next;              /*取队头*/
            x=p->data;
            q->front->next=p->next;      /*删除队头结点*/
            if(p->next==NULL)
                q->rear=q->front;
            free(p);
        }
        return x;
}
```

下面给出调用链队列上述基本操作的主函数。

```
main()
{ LINKQUEUE queue,*q;
    char ch;
    q=&queue;
    Init_Queue(q);
    scanf("%c",&ch);
    while(ch!='\n')
    { Add_Queue(q,ch);
        scanf("%c",&ch);
    }
    while(!Queue_Empty(q))
    { ch=Gethead_Queue(q);
        printf("%c",ch);
        Del_Queue(q);
    }
}
```

3.4 队列的应用

【例3.3】编写一个简单的事件处理表。用户可以输入和保存一系列事件；当一个事件处理完毕后，它就会从事件处理表中删除；还可以查询事件处理表中剩余的事件。

算法的主要思路是：被处理事件的数目限定在 100 以内，并用宏 MAXSIZE 来表示。函数 enter()用来输入事件，调用函数 Add_Queue()将事件字符串指针保存到事件队列中；函数 review()用来显示还没有处理的事件；函数 delete()将处理完毕的事件从事件队列中删除，并释放事件内容的存储空间，其中删除事件调用函数 Del_Queue()完成。下面只介绍了循环队列实现的算法,还可以采用链队列实现。这种方法作为实验内容,请读者自己设计。将循环队列的基本操作写在头文件"seqqueue.h"中。具体算法实现如下。

```c
#define  datatype  char *
#define  MAXSIZE  100              /*队列的最大容量*/
typedef  struct
{   datatype  data[MAXSIZE];       /*队列的存储空间*/
    int rear,front;                /*队头队尾指针*/
}SEQQUEUE;
#include "stdlib.h"
#include "stdio.h"
#include "string.h"
#include "ctype.h"
#include "seqqueue.h"
SEQQUEUE *q;
void enter()
{   char s[64],*p;
    int len;
    while(1)
    {   printf(" enter event %d: ",q->rear+1);
        gets(s);
        len=strlen(s);
        if(len==0)break;            /*没有事件*/
        p=malloc(len+1);
        if(!p)
        {   printf(" memory not available.\n");
            return;}
        strcpy(p,s);
        Add_Queue(q,p);
        if((q->rear+1) % MAXSIZE==q->front)
        break;
    }
}
void review()
{   int i=0,pos=q->front;
    while(i!=QueueLength(q))
    {   pos=(pos+1) % MAXSIZE;
        printf(" %d.%s\n",i+1,q->data[pos]);
        i++;
    }
}
void delete()
{   char *p;
    p=Del_Queue(q);
```

```c
        if(p)
        {   printf(" %s\n",p);
            free(p);}
}
main()
{   char ch;
    Init_Queue(q);              /* 创建一个空队列*/
    do
    {   printf(" 1--Enter,2--List,3--Remove,4--Quit: ");
        ch=getchar ();
        getchar();
        switch(ch)
        {   case '1':enter();break;
            case '2':review();break;
            case '3':delete();break;
        }
    }while(ch!='4');
}
```

程序运行实例如下：

```
1--Enter,2--List,3--Remove,4--Quit: 1
enter event 1: Marry have a math at 8:00.
enter event 2: Marry will learn dancing at 1:00 pm.
enter event 3: Marry will watch TV at 6:30 pm.
enter event 4: <cr>
1--Enter,2--List,3--Remove,4--Quit: 2
1.Marry have a math at 8:00.
2.Marry will learn dancing at 1:00 pm.
3.Marry will watch TV at 6:30 pm.
1--Enter,2--List,3--Remove,4--Quit: 3
Marry have a math at 8:00.
1--Enter,2--List,3--Remove,4—Quit: 2
1.Marry will learn dancing at 1:00 pm.
2.Marry will watch TV at 6:30 pm.
1--Enter,2--List,3--Remove,4—Quit: 4
```

本 章 小 结

(1) 栈是一种限定其插入、删除操作只能在线性表的一端进行的特殊结构。由于在栈中的数据元素具有后进先出的特点，所以，人们又将它称为 LIFO 线性表。栈可以用顺序存储结构和链式存储结构表示。

(2) 队列是一种限定其插入在线性表的一端进行，删除则在线性表的另一端进行的特殊结构。由于在队列中的数据元素具有先进先出的特点,所以,人们又将它称为 FIFO 线性表。同栈一样,队列也可以利用顺序存储结构和链式存储结构表示。在利用顺序存储结构表示时,为了避免"假满"现象的发生,需要将队列构成循环状,这就形成了循环队列。

(3) 分别介绍了栈和队列的各种运算的算法实现及其简单应用。

习　　题

一、填空题

1. 线性表、栈和队列都是_____结构,可以在线性表的_____位置插入和删除元素,对于栈只能在_____位置插入和删除元素,对于队列只能在_____位置插入和_____位置删除元素。

2. 对于顺序存储的栈,因为栈的空间是有限的,在进行_____运算时,可能会发生栈的上溢,在进行_____运算时,可能会发生栈的下溢。

3. 向栈中压入元素的操作是_____。

4. 对栈进行退栈的操作是_____。

5. 在一个循环队列中,队首指针指向队首元素的_____。

6. 从循环队列中删除一个元素时,其操作是_____。

7. 在栈顶指针为 s 的链栈中,判定栈空的条件是_____。

二、选择题

1. 栈和队列是两种特殊的线性表,栈的特点是(　　),队列的特点是(　　),两者的共同特点是只能在它们的(　　)处添加和删除结点。

　　A．端点　　　　B．中间点　　　　C．先进先出　　　　D．后进先出

2. 已知元素(8, 25, 14, 87, 51, 90, 6, 19, 20),问这些元素以怎样的顺序进入栈,才能使出栈的顺序满足：8 在 51 前面,90 在 87 后面,20 在 14 后面,25 在 6 前面,19 在 90 后面(　　)。

　　A．20, 6, 8, 51, 90, 25, 14, 19, 87

　　B．51, 6, 19, 20, 14, 8, 87, 90, 25

　　C．19, 20, 90, 8, 6, 25, 51, 14, 87

　　D．6, 25, 51, 8, 20, 19, 90, 87, 14

3. 已知队列(4, 41, 5, 7, 18, 26, 15),第一个进入队列的元素是 4,则第五个出队列的元素是(　　)。

　　A．5　　　　B．41　　　　C．18　　　　D．7

4. 对于顺序存储的循环队列,存储空间大小为 n,头指针为 F,尾指针为 R,队列中元素的个数应为(　　)。

A. R-F　　　B. n+R-F　　　C. (R-F+1)% n　　　D. (n+R-F)% n

5. 一个队列的进队列顺序是1,2,3,4，则出队列顺序为(　　)。

　　A. 4,3,2,1　　　B. 2,4,3,1　　　C. 1,2,3,4　　　D. 3,2,1,4

6. 下列关于栈的叙述中正确的是(　　)。

　　A. 在栈中只能插入数据　　　　　　B. 在栈中只能删除数据

　　C. 栈是先进先出的线性表　　　　　D. 栈是先进后出的线性表

7. 设栈 S 和队列 Q 的初始状态为空。元素 a,b,c,d,e,f 依次通过栈 S，并且一个元素出栈后即进入队列 Q，若出队的顺序为 b,d,c,f,e,a，则栈 S 的容量至少应该为(　　)。

　　A. 3　　　B. 4　　　C. 5　　　D. 6

三、判断题

1. 栈和队列逻辑上都是线性表。　　　　　　　　　　　　　　　　　　(　　)
2. 采用循环链表作为存储结构的队列就是循环队列。　　　　　　　　　(　　)
3. 栈和队列都是顺序存取的线性表，但它们对存取位置的限制不同。　(　　)
4. 在栈中只能插入数据。　　　　　　　　　　　　　　　　　　　　　(　　)
5. 在栈满情况下不能作进栈运算，否则会产生"上溢"。　　　　　　　(　　)
6. 判定一个队列 q(最多元素为 m)为空的条件是(q->rear+1) % m=q->front。(　　)

四、应用题

1. 数据元素进栈的次序为：a, b, c, d，进栈过程中允许出栈，试写出各种可能的出栈元素序列。

2. 分析下面程序段的功能，下面程序段中所调用函数为顺序栈和循环队列的基本操作函数。

(1)
```
void function1(SEQSTACK *s)
{   int i, array[MAXSIZE] , n=0 ;
    while(!Stack_Empty(s)) {array[n++]=Pop_Stack(s);}
    for (i=0;i<n;i++)
        Push_Stack(s,arr[i]);
}
```

(2)
```
SEQSTACK * function2(SEQSTACK *s1)
{   SEQSTACK *s2, *temp;
    datatype x;
    Init_Stack(s2);
    Init_Stack(temp);
    while (!Stack_Empty(s1))
    {   x=Pop_Stack(s1) ;
        Push_Stack(temp,x);
    }
```

```
        while (!Stack_Empty(temp) )
        {   x=Pop_Stack(temp);
            Push_Stack(s1,x);
            Push_Stack(s2, x);
        }
            free(temp);
            return s2;
    }
(3) void function3(SEQQUEUE *q)
    {/*设datatype 为int 型*/
        int x;
        SEQSTACK *s;
        Init_Stack(s);
        while(!Queue_Empty(q))
        {   x=Del_Queue(q);
            Push_Stack(s,x);
        }
        while (!Stack_Empty(s))
        {   x=Pop_Stack(s);
            Add_Queue( q,x );
        }
        free(s);
    }
(4) SEQQUEUE *fuction4(SEQQUEUE *q1)
    { /* 设datatype 为int 型*/
        SEQQUEUE *q2;
        int x,i,len;
        len=QueueLenth(q1);
        Init_Queue(q2);
        for (i=0;i<len;i++)
        {   x=Del_Queue(q1 ) ;
            Add_Queue(q2,x);
            Add_Queue(q1,x);
        }
        return q2;
    }
```

五、算法设计题

1. 回文是指正读、反读均相同的字符序列，如"abba"和"abdba"均是回文，但"good"不是回文。试写一个算法，判定给定的字符向量是否为回文。

2. 写一个算法，返回链栈中结点的个数。

3. 假设循环队列中只设 rear 和 length 分别指示循环队列中的队尾位置和队列中所含元素的个数。试给出该循环队列的队空条件和队满条件，并写出相应的入队(Add_Queue)算法和出队(Del_Queue)算法。

第4章 串

学习目标与要求：

串是每个数据仅由一个字符组成的一种特殊的线性表，本章主要介绍串的基本概念、串在计算机中的存储方法、串的基本运算及其在不同存储结构上的实现。通过本章的学习，要求掌握以下内容。

- 了解串的基本概念和基本运算。
- 熟练掌握串的顺序存储结构，掌握串的堆式存储结构和串的链式存储结构。
- 熟练掌握串的顺序存储结构中的连接、相等判断、取子串、插入、删除和子串查找等算法的实现。

4.1 串的定义及基本操作

串即字符串，计算机处理的对象分为数值数据和非数值数据，字符串是最基本的非数值数据。字符串的应用非常广泛，它是许多软件系统(如字符编辑、情报检索、词法分析、符号处理、自然语言翻译等系统)的操作对象。在事务处理程序中，顾客的姓名和地址以及货物的名称、产地和规格等一般也是作为字符串处理的。字符串是一种特定的线性表，其特殊性在于组成线性表的每个元素都是一个单字符。

4.1.1 串的基本概念

串(String)是零个或多个字符组成的有限序列。一般记为：

$$S="a_1…a_n" (n \geq 0)$$

其中 S 是串的名字，用双引号括起来的字符序列是串的值，$a_i(1 \leq i \leq n)$可以是字母、数字或其他字符。n 是串中字符的个数，称为串的长度，n=0 时的串称为空串(Null String)。由一个或多个称为空格的特殊字符组成的串，称为空格串(Blank String)，我们使用符号Φ表示空格，如 S= "Φ"，其长度为串中空格字符的个数，长度为1。请注意空串(Null String)和空格串(Blank String)的区别。

如串 S= "IΦamΦaΦstudent."的长度为 15。

串中任意个连续的字符组成的子序列称为该串的子串。包含子串的串相应的称为主串。通常将字符在串中的序号称为该字符在串中的位置。子串在主串中的位置则以子串的第一个字符在主串中的位置来表示。

当且仅当两个串的值相等时，称这两个串是相等的。即只有当两个串的长度相等，并且每个对应位置的字符都相等时两个串才相等。

例如：A, B, C, D 为 4 个字符串，A= "china"，B="chi"，C="na"，D="chiΦna"。其中，A 的长度为 5，B 的长度为 3，C 的长度为 2，D 的长度为 6；且 B 和 C 都是 A 和 D 的子串，B 在 A 和 D 中的位置都是 1，而 C 在 A 中的位置是 4，在 D 中的位置是 5。

又如 S1, S2, S3 为如下的三个串：S1="IΦamΦaΦstudent"，S2="student"，S3="teacher"。它们的长度分别为 14、7、7；S2 是 S1 的子串，子串 S2 在 S1 中的位置为 8，也可以说 S1 是 S2 的主串；S3 不是 S1 的子串，串 S2 和 S3 不相等。

双引号是界限符，它不属于串，其作用是避免与变量名或常量混淆。

串也是线性表的一种，因此串的逻辑结构和线性表极为相似，区别仅在于串的数据对象限定为字符集。

4.1.2 串的基本操作

上面给出了串的定义，下面给出串的基本操作。

(1) StrAssign(S,chars)：串赋值操作。将字符串 chars 的值赋值给串 S。

(2) StrLength(S)：串长度操作。返回串 S 的长度，即串 S 中的元素个数。

(3) StrInsert(S,T,pos)：串插入操作。如果 1≤pos≤StrLength(S)+1 时，在串 S 的第 pos 个字符之前插入串 T。

(4) StrDelete(S,pos,len)：串删除操作。如果 1≤pos≤StrLength(S)−len+1，则从串 S 中删除第 pos 个字符起长度为 len 的子串。

(5) StrCopy(S,T)：串复制操作。将串 T 复制到串 S 中。

(6) StrEmpty(S)：串判空操作。若串 S 为空串，则返回 1；否则返回 0。

(7) StrCompare(S,T)：串比较操作。若串 S 与 T 相等则返回 1；否则返回 0。

(8) StrClear(S)：串清空操作。将串 S 清为空串。

(9) StrConcat(S,T)：串连接操作。将串 T 连接在串 S 的后面。

(10) SubString(Sub,S,pos,len)：求子串操作。若存在位置 1≤pos≤StrLength(S)且 1≤len≤StrLength(S)−pos+1，则用 Sub 返回串 S 的第 pos 个字符起长度为 len 的子串。

(11) StrIndex(S,T)：串定位操作。若串 S 中存在和串 T 相同的子串，则返回它在串 S 中第一次出现的位置；否则返回 0。

(12) StrReplace(S,T,pos,len)：串替换操作。当 1≤pos≤StrLength(S)且 0≤len≤StrLength(S)−pos+1 时，用串 T 替换串 S 中从第 pos 个字符开始的 len 个字符。

(13) StrDestroy(S)：串销毁操作。销毁串 S。

4.2 串的存储结构

线性表的顺序和链式存储结构对于串都是适用的。但任何一种存储结构对于串的不同运算并非都是十分有效的。对于串的插入和删除操作,顺序存储结构是不方便的,而链式存储结构则显得方便些。如果访问串中单个字符,对链表来说是不困难的;当要访问一组连续的字符时,用链式存储结构要比用顺序存储结构麻烦。所以应针对不同的应用来选择串的存储结构。

4.2.1 串的顺序存储结构

串的顺序存储就是把串所包含的字符序列依次存入连续的存储单元中去,也就是用向量来存储串。串的顺序存储结构如图 4.1 所示。

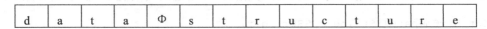

图 4.1 串的顺序存储结构

一些计算机是以字节为存取单元,一个字符恰好占用一个字节,自然形成了每个存储单元存放在一个字符的分配方式,这种方式就是一种单字节存储方式。

定长顺序串是将串设计成一种结构类型,串的存储分配是在编译时完成的。和前面所讲的线性表的顺序存储结构类似,用一组地址连续的存储单元存储串的字符序列。

定长顺序串的存储结构使用 C 语言描述如下:

```
#define MAXLEN 100
typedef struct
{   char ch[MAXLEN];
    int len;
}SString;
```

其中 MAXLEN 表示串的最大长度,ch 是存储字符串的一维数组,每个分量存储一个字符,len 是字符串的长度。

下面是定长顺序串部分基本操作的实现。

1. 串连接操作

串连接就是把两个串连接在一起,其中一个串接到另一个串的末尾,生成一个新串。如给出两个串 s 和 t,把 t 连接到 s 之后,生成一个新串 s1。其算法描述如下:

```
SString StrConcat (SString s,SString t)
{   SString s1;
    int i;
    if(s.len+t.len<=MAXLEN)  /*当 s 和 t 的长度之和小于或等于 MAXLEN 时*/
```

```
        {   for(i=0;i<s.len;i++)        /*将 s 存放到 s1 中*/
                s1.ch[i]=s.ch[i];
            for(i=0;i<t.len;i++)        /*将 t 存放到 s1 中*/
                s1.ch[s.len+i]=t.ch[i];
            s1.ch[s.len+i]='\0';        /*设置串结尾标志*/
            s1.len=s.len+t.len;
        }
        else                            /*当 s1 和 s2 的长度之和大于 MAXLEN 时*/
            s1.len=0;                   /*不能连接,置串 s1 长度为 0*/
        return(s1);                     /*连接成功,返回串 s1,不成功时返回空串*/
    }
```

2. 串比较操作

只有当两个串的长度相等,并且各对应位置上的字符都相等时,两个串才相等。如给定两个串 s 和 t,当 s 与 t 相等时,返回函数值 1,否则返回函数值 0。算法实现如下:

```
    int StrCompare(SString s,SString t)
    {   int i;
        if(s.len!=t.len)                /*如果 s 与 t 长度不等*/
            return (0);                 /*返回函数值 0*/
        else                            /*如果 s 与 t 长度相等*/
        {   for(i=0;i<s.len;i++)        /*判断 s 和 t 中各对应位置上字符是否相等*/
                if(s.ch[i]!=t.ch[i])
                    return (0);
        }
        return (1);
    }
```

3. 取子串操作

取子串就是在给定串中,从某一位置开始连续取出若干字符,作为子串的值。例如,给定串 s,从 s 中的第 pos 个字符开始(注意 C 语言中的数组下标是从 0 开始的,若 pos=1 时,对应数组中下标为 0 的那个字符,其余类推),连续取出 len 个字符,放在 sub 串中。其算法描述如下:

```
    int SubString(SString *sub,SString s,int pos,int len)
    {   int i;
        if (pos<0||pos>s.len||len<1||len>s.len-pos)
        {   sub->len=0;
            return(0);
        }
        else
        {   for (i=0;i<len;i++)
```

```
        sub->ch[i]=s.ch[i+pos-1];
      sub->len=len;
      return(1);
    }
}
```

4. 串插入操作

串插入操作就是在给定串的指定位置插入另一个串。若要将串 t 插入到串 s 的第 pos 个位置，则串 s 中从第 pos 个位置开始，一直到最后一个字符，都要向后移动，移动的位数为串 t 的长度。其算法描述如下：

```
void StrInsert(SString *s,SString t,int pos)      /*插入子串运算 */
{   int j;
    if(s->len+t.len>=MAXLEN||(pos>s->len+1)||(pos<1))
    /*如果长度不够或起始位置不合理，输出溢出信息*/
       printf("overflow\n");
    else
    {   for(j=s->len;j>=pos;j--)
           s->ch[j+t.len-1]=s->ch[j-1];
        /*s 串最后一个到第 pos 个位置的元素后移*/
        for(j=0;j<t.len;j++)
           s->ch[j+pos-1]=t.ch[j];        /*插入 t 串到 s 串指定位置*/
        s->len=s->len+t.len;              /* s 串长度增加*/
        s->ch[s->len]='\0';               /*设置字符串结尾标志*/
    }
}
```

5. 串删除操作

在串中删除从某一个位置开始连续的字符。如在串 s 中，从第 pos 个位置开始连续删除 len 个字符。可能出现以下三种情况。

(1) 如果 pos 值不在串 s 范围内，不能删除。

(2) 从第 pos 个位置开始到最后的字符数不足 len 个时，删除时不用移动元素，只需修改串 s 的长度即可。

(3) pos 和 len 都满足要求。删除后，要把后面其余的元素向前移动。

串删除操作的 C 语言算法描述如下：

```
void StrDelete(SString *s,int pos,int len)       /*删除子串运算 */
{   int k;
    if((pos<1)||(pos>s->len))   /*pos 值不在 s 串范围之内，不能删除*/
       printf("error\n");
    else
       if(s->len-pos+1<len)     /*第 pos 个位置开始到最后的字符数不足 len 个时*/
```

```
                s->len=pos-1;              /*只修改串 s 的长度*/
            else                           /*pos 和 len 都可以满足要求*/
            {   for(k=pos+len-1;k<=s->len;k++)
                    s->ch[k-len]=s->ch[k];
                s->len=s->len-len;         /* 串 s 的长度减 len*/
            }
    }
```

6. 串置换函数

串置换就是把母串中的某个子串用另一个子串来替换。字符串替换可以用串删除算法和串插入的算法来实现。算法描述如下：

```
SString StrReplace(SString *s,SString t,int pos,int len)
{   StrDelete(s,pos,len);
    /*调用删除算法，在串 s 中从第 pos 个字符开始删除，共删除 len 个字符*/
    StrInsert(s,t,pos);    /*调用插入算法，在串 s 中从第 pos 个位置开始插入子串 t*/
}
```

7. 子串定位操作

子串的定位运算通常称为串的模式匹配。所谓模式匹配，就是判断某个串(称为模式串)是否是另一个已知串(称为主串)的子串。如果是其子串，则给出该子串的起始位置，即子串第一个字符在数组中的下标位置。如果不是，则给出不是的信息(0)。

下面介绍一种简单的模式匹配算法，是带有回溯的匹配算法，分别利用计数指针 i 和 j 指示主串 s 和模式串 t 中当前正待比较的字符位置。算法的基本思想是：从主串 s 的第一个字符起和模式串的第一个字符进行比较，若相等，则继续逐个比较后续字符；否则就回溯，从主串的下一个字符起再重新和模式串字符进行比较，以此类推，直至模式串 t 中的每个字符依次和主串 s 中的一个连续的字符序列相等，则称匹配成功，函数值为和模式串 t 中第一个字符相等的字符在主串 s 中的序号，否则称匹配不成功，函数值为 0。图 4.2 展示了模式串 t= "abcac"和主串 s= "ababcabcacbab"的匹配过程。

算法的 C 语言描述如下：

```
int StrIndex(SString s,SString t)
{   int i,j;
    i=0;                            /*指向串 s 的第 1 个字符*/
    j=0;                            /*指向串 t 的第 1 个字符*/
    while((i<=s.len-1)&&(j<=t.len-1))
        if(s.ch[i]==t.ch[j])        /*比较两个子串是否相等*/
        {   i++;                    /*继续比较后继字符*/
            j++;
        }
        else
```

```
        {   i=i-j+1;              /*指针i回溯,j重新开始下一次的匹配*/
            j=0;
        }
    if(j>t.len-1)
        return(i-t.len+1);        /*匹配成功,返回模式串t在串s中的起始位置*/
    else
        return (0);               /*匹配失败返回0*/
}
```

第一趟匹配：从主串的第一个字符开始比较
```
          ↓i=3
    ababcabcacbab
      abc
      ↑j=3 此时字符不匹配
```

第二趟匹配：
```
         ↓i=2
    ababcabcacbab
     a
     ↑j=1
```

第三趟匹配：
```
            ↓i=7
    ababcabcacbab
       abcac
       ↑j=5
```

第四趟匹配：
```
           ↓i=4
    ababcabcacbab
       a
       ↑j=1
```

第五趟匹配：
```
          ↓i=5
    ababcabcacbab
        a
        ↑j=1
```

第六趟匹配：开始字符i=6 结束字符j=6(超出模式串长度结束)
```
                ↓i=11
    ababcabcacbab
         abcac
             ↑i=6
```

图4.2 模式匹配过程

上述算法的匹配过程易于理解，且在某些应用场合，如文本编辑时，效率也较高。在这种情况下，此算法的时间复杂度为 O(n+m)。其中 n 和 m 分别为主串和模式串的长度。

然而，在有些情况下，该算法的效率却很低。例如，当模式串为"00000001"，而主串为"000000000000000000000000000000000000000000000000000001"时，由于模式中前 7 个字符均为"0"，又因为主串中前 52 个字符均为"0"，每趟比较都在模式串的最后一个字符出现不等，此时需将指针i回溯到i-6 的位置上，并从模式串的第一个字符开始重新比较，整个匹配过程中指针i需回溯 45 次，则 while 循环次数为 46*8。可见，算法在最坏情况下的时间复杂度为 O(n*m)。

下面给出调用上述各基本操作的主函数。

```
main()
{   SString s0={"Beijing Shanghai China",22},s1={"Beijing ",8},
        s2={"China",5},s,s3;
    s=StrConcat(s1,s2);                    /*调用StrConcat函数 */
    printf("\n%s\n%d",s.ch,s.len);
    printf("\n%d\n",StrCompare(s1,s2));    /*调用StrCompare函数 */
    SubString(&s3,s,1,7);                  /*调用SubString函数 */
```

```
        printf("\n%s\n",s3.ch);
        StrInsert(&s3,s2,8);                    /*调用 StrInsert 函数 */
        printf("\n%s\n",s3.ch);
        StrDelete(&s,9,5);                      /*调用 StrDelete 函数 */
        printf("\n%s\n",s.ch);
        printf("\n%d\n",StrIndex(s0,s1));       /*调用 StrIndex 函数 */
}
```

4.2.2 串的堆式存储

串的堆式存储方法仍然以一组地址连续的存储单元存放串的字符序列,但它们的存储空间是在程序执行过程中动态分配的。系统将一个地址连续、容量很大的存储空间作为字符串的可用空间,每当建立一个新串时,系统就从这个空间中分配一个大小和字符串长度相同的空间存储新串的串值。

在 C 语言中,已经有一个称为"堆"的自由存储空间,并可用 malloc()和 free()函数完成动态存储管理。因此,我们可以直接利用 C 语言中的"堆"实现堆串。此时,堆串可定义如下:

```
typedef struct
{   char *ch;
    int len;
}HString;
```

其中 len 域指示串的长度,ch 域指示串的起始地址。

下面我们将以这种定义为准,讨论堆串的基本操作。由于这种类型的串变量的串值的存储位置是在程序执行过程中动态分配的,与定长顺序串和链串相比,这种存储方式是非常有效和方便的,但在程序执行过程中会不断生成新串和销毁旧串。

1. 串赋值操作

串赋值操作算法描述如下:
```
int StrAssign(HString *s, char *chars)   /*将字符常量 chars 的值赋给串 s */
{   int len,i=0;
    if(s->ch!=NULL)
        free(s->ch);
    while (chars[i]!='\0')
        i++;
    len=i;
    if(len)
    {   s->ch=(char *)malloc(len);
        if(s->ch==NULL)
            return(0);
```

```
        for(i=0;i<=len;i++)
            s->ch[i]=chars[i];
    }
    else
        s->ch=NULL;
    s->len=len;
    return(1);
}
```

2. 串插入操作

串插入操作的算法描述如下：

```
int StrInsert(HString *s,HString t,int pos)
/*在串 s 中序号为 pos 的字符之前插入串 t */
{   int i;
    char *temp;
    if (pos<0||pos>s->len+1)
        return(0);
    temp=(char *)malloc(s->len+t.len);
    if (temp==NULL)
        return(0);
    for(i=0;i<pos-1;i++)
        temp[i]=s->ch[i];
    for(i=pos-1;i<pos+t.len;i++)
        temp[i]=t.ch[i];
    for(i=pos+t.len-1;i<s->len;i++)
        temp[i]=s->ch[i];
    s->len+=t.len;
    free(s->ch);
    s->ch=temp;
    return(1);
}
```

3. 删除子串函数

删除子串函数的算法描述如下：

```
int StrDelete(HString *s,int pos,int len)
/*在串 s 中删除从序号 pos 起 len 个字符 */
{   int i;
    char *temp;
    if (pos<0||len>(s->len-pos+1)||(pos>s->len))
        return(0);
    temp=(char *)malloc(s->len-len);
```

```
    if(temp==NULL)
        return(0);
    for(i=0;i<pos-1;i++)
        temp[i]=s->ch[i];
    for(i=pos-1;i<s->len-len;i++)
        temp[i]=s->ch[i+len];
    s->len=s->len-len;
    free(s->ch);
    s->ch=temp;
    return(1);
}
```

4. 串连接函数

串连接函数的算法描述如下：

```
int StrConcat(HString *s,HString t)        /*将串 t 连接在串 s 的后面 */
{   int i;
    char *temp;
    temp=(char *)malloc(s->len+t.len);
    if (temp==NULL)
        return(0);
    for(i=0;i<s->len;i++)
        temp[i]=s->ch[i];
    for(i=s->len;i<s->len+t.len;i++)
        temp[i]=t.ch[i-s->len];
    s->len+=t.len;
    free(s->ch);
    s->ch=temp;
    return(1);
}
```

下面给出调用上述各基本操作的主函数。

```
main()
{   HString s1={"Beijing ",8},s2={"China",5},s3={0,0},s4={0,0};
    char *chars="Heilongjiang";
    StrConcat(&s1,s2);                  /*调用 StrConcat 函数 */
    printf("\n%s\n%d",s1.ch,s1.len);
    StrInsert(&s3,s2,1);                /*调用 StrInsert 函数 */
    printf("\n%s\n",s3.ch);
    StrDelete(&s1,9,5);                 /*调用 StrDelete 函数 */
    printf("\n%s\n",s1.ch);
    StrAssign(&s4,chars);               /*调用 StrAssign 函数 */
    printf("\n%s\n",s4.ch);
}
```

4.2.3 串的块链式存储结构

由于串也是一种线性表,因此也可以采用链式存储。由于串的特殊性(每个元素只有一个字符),在具体实现时,每个结点既可以存放一个字符,也可以存放多个字符。每个结点称为一个块,整个链表称为块链结构,为了便于操作,再增加一个尾指针。结点大小为数据域中存放字符的个数。

例如,图 4.3(a)是结点大小为 4(即每个结点存放 4 个字符)的链表,图 4.3(b)是结点大小为 1 的链表。当结点大小大于 1 时,由于串长不一定是结点大小的整倍数,则链表中的最后一个结点不一定全被串值占满,此时通常补上"#"或其他的非串值字符。

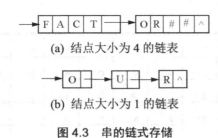

(a) 结点大小为 4 的链表

(b) 结点大小为 1 的链表

图 4.3 串的链式存储

其数据类型为:

```
#define  CHUNKSIZE  <长度>      /*可由用户定义块的大小*/
typedef  struct Chunk
{    char ch[CHUNKSIZE];
     struct Chunk *next;
}Chunk;
typedef struct
{    Chunk *head,*tail;          /*串的头和尾指针*/
     int curlen;                 /*串的当前长度*/
}LString;
```

此时插入、删除的处理方法比较复杂,需要考虑结点的分拆和合并,这里不再详细讨论。

4.3 串的应用

【例 4.1】文本编辑。

算法分析:文本编辑程序用于源程序的输入和修改,公文书信、报刊和书籍的编辑排版等。常用的文本编辑程序有 Edit、WPS、Word 等。文本编辑的实质是修改字符数据的形式和格式,虽然各个文本编辑程序的功能不同,但基本操作是一样的,都包括串的查找、插入和删除等。

为了编辑方便，可以用分页符和换行符将文本分为若干页，每页有若干行。我们把文本当作一个字符串，称为文本串，页是文本串的子串，行是页的子串。

比如有下列一段源程序：

```
main(){
float a,b,max;
scanf("%f,%f",&a,&b);
if (a>b) max=a;
else max=b;
}
```

我们可以把此程序看成是一个文本串。输入到内存后如图 4.4 所示。图中"✓"为换行符。

m	a	i	n	(	)	{	✓	f	l	o	a	t		a	,
b	,		m	a	x	;	✓	s	c	a	n	(	"	%	f	,
%	f	"	,	&	a	,	&	b	)	;	✓	i	f		(
a	>	b	)		m	a	x	=	a	;	✓	e	l	s	e
	m	a	x	=	b	;	✓	}	✓

图 4.4 文本格式示例

为了管理文本串的页和行，在进入文本编辑的时候，编辑程序先为文本串建立相应的页表和行表，即建立各子串的存储映像。页表的每一项给出了页号和该页的起始行号。而行表的每一项则指示每一行的行号、起始地址和该行子串的长度。假设图 4.4 所示的文本串只占一页，且起始行号为 1，起始地址为 1000，则该文本串的行表如图 4.5 所示。

行号	起始地址	长度
1	1000	8
2	1009	15
3	1024	21
4	1045	16
5	1061	13
6	1074	2

图 4.5 文本的行表

文本编辑程序中设立页指针、行指针和字符指针，分别指示当前操作的页、行和字符。如果在某行内插入或删除若干字符，则要修改行表中该行的长度。若该行的长度超出了分配给它的存储空间，则要为该行重新分配存储空间，同时还要修改该行的起始位置。如果要插入或删除一行，就要涉及行表的插入或删除。若被删除的行是所在页的起始行，则还要修改页表中相应页的起始行号(修改为下一行的行号)。为了查找方便，行表是按行号递增顺序存储的，因此，对行表进行的插入或删除运算需移动操作位置以后的全部表项。页表的维护与行表类似，在此不再赘述。由于访问是以页表和行表作为索引的，所以在进行行和页的删除操作时，可以只对行表和页表进行相应的修改，不必删除所涉及的字符，这样可以节省时间。

【例4.2】设有一篇英文短文，每个单词之间是用空格分开的，试编写一算法，按照空格数统计短文中单词的个数。

算法分析如下：要统计单词的个数先要解决如何判别一个单词，应该从输入行的开头一个字符一个字符地去辨别。假定把一个文本行放在数组 s 中，那么就相当于从 s[0]开始逐个检查数组元素，经过若干个空格符之后找到的第一个字母就是一个单词的开头，此时利用一个统计计数器 num 进行累加 1 运算，在此之后若连续读到的是非空格字符，则这些字符属于刚统计到的那个单词，因此不应将计数器 num 累加 1，下一次记数应该是在读到一个或几个空格后再遇到非空格字符开始。因此，统计一个单词时不仅要满足当前所检查的这个字符是非空格，而且要满足所检查的前一个字符是空格。

使用定长顺序串作为存储结构，程序实现如下：

```
#define MAXLEN 100
typedef struct
{    char ch[MAXLEN];
     int len;
}SString;
int countwords(SString s)
{    char prec=' ';                            /*前一个字符赋初值为空格*/
     char nowc;                                /*当前字符*/
     int num=0;
     int i;
     for(i=0;i<s.len;i++)
     {    nowc=s.ch[i];
          if((nowc!=' ')&&(prec==' '))         /*' '中间有一个空格*/
              num++;
          prec=nowc;
     }
     return num;
}
main()
{    SString s={"ab c x def x h ij xxs ty",32};
     int num;
     num=countwords(s);
     printf("\nwords= %d\n",num);
     getch();
}
```

本 章 小 结

(1) 串是一种数据类型受到限制的特殊线性表,它的数据对象是字符集合,每个元素都是一个字符,一系列相连的字符组成一个串。

(2) 串虽然是线性表,但又有其自己的特点:不是作为单个字符进行讨论,而是作为一个整体(即字符串)进行讨论。

(3) 串的存储方式也有顺序存储结构和链式存储结构,其中顺序存储可以是静态存储也可以是动态存储,定长顺序存储结构是静态存储,堆式存储结构是动态存储。

(4) 串的基本运算有串连接、两串相等判断、取子串、插入子串、删除子串、子串定位和串置换等。

习 题

一、填空题

1. 两个串相等的充分必要条件是_____。
2. 串的两种最基本的存储方式是_____和_____。
3. 空串是_____,其长度是_____。
4. 设串 s1="ABCDEFG", s="PORST", strconcat(x,y)是将 x 和 y 两个串连成一个串,substring(s,i,j)是返回串 s 中从第 i 个字符开始长度为 j 的子串,strlength(s)返回串的长度,则 strconcat(substring(s1,2,strlength(s2)), substring(s1,strlength(s2),2))的结果是_____。
5. 在串 s="structure"中,以 t 为首字符的不同子串有_____个。

二、选择题

1. 空串与空格串( )。
   A. 相同 B. 不相同 C. 可能相同 D. 无法确定
2. 设有两个串 S1 和 S2,求串 S2 在 S1 中首次出现位置的运算称作( )。
   A. 连接 B. 求子串 C. 模式匹配 D. 判子串
3. 串与普通的线性表相比较,它的特殊性体现在( )。
   A. 顺序的存储结构   B. 链接的存储结构
   C. 数据元素是一个字符 D. 数据元素可以任意
4. 设有串 s="software",则其子串的数目是( )。
   A. 36 B. 37 C. 8 D. 9
5. 若串 S1="ABCDEFG", S2="9898", S3="###", S4="012345",执行 strconcat(strreplace(S1,substring(S1,strlength(S2),strlength(S3)),S3),substring(S4,strindex(S2,

"8"),length(S2)))后,其结果为(   )。

    A. ABC###G0123   B. ABC###G2345

    C. ABC###01234   D. ABC###G1234

三、判断题

1. 子串是主串中字符序列构成的有限序列。   ( )

2. 串中的元素只能是字符。   ( )

3. 串是一种特殊的线性表。   ( )

4. 串中可以包含有空白字符。   ( )

5. 串的长度不能为零。   ( )

6. 两个串相等必有长度相同。   ( )

7. 两个串相等则各位置上字符必须对应相等。   ( )

四、算法设计题

1. 已知顺序串 s="abcd",写出它的所有子串,并设计算法。

2. 已知顺序串 s,编写一算法,统计串 s 中字符 c 出现的次数。

第5章 数　　组

学习目标与要求：

本章主要介绍数组的基本概念、基本运算、顺序存储形式及特殊矩阵的压缩存储形式；广义表的定义、基本操作和存储结构。通过本章的学习，读者应掌握以下主要内容。

- 了解数组的概念及基本操作。
- 掌握二维数组的行主序和列主序两种存储方式。
- 了解特殊矩阵的特点并掌握特殊矩阵的存储形式及基本运算。
- 了解广义表的概念及相关术语。
- 掌握广义表的存储形式。

5.1 数组的定义和运算

数组可以看成是一种扩展的线性数据结构，其特殊性不像栈和队列那样表现在对数据元素的操作受限制，而是反映在数据元素的构成上。在线性表中，每个数据元素都是不可再分的原子类型；而数组中的数据元素可以推广到具有特定结构的数据。

从逻辑结构上看，数组可以看成是一般线性表的扩充。下面以二维数组为例进行讨论，二维数组可以看成数据元素是由一维数组组成的线性表。如图 5.1 所示的二维数组，把二维数组中的每一行 $\alpha_i(1\leqslant i\leqslant m)$作为一个元素，可以把数组看成是由 m 个元素 $\alpha_1, \alpha_2, \cdots, \alpha_m$ 组成的线性表。其中 $\alpha_i(1\leqslant i\leqslant m)$本身也是一个线性表即向量，$\alpha_i=(a_{i1}, a_{i2}, \cdots, a_{ij}, \cdots, a_{in})$是一维数组，如图 5.2 所示。同理也可以将数组的某一列(一个向量)作为基本数据元素$\beta_j=(a_{1j}, a_{2j}, \cdots, a_{ij}, \cdots, a_{mj})$。数组可看成是线性表的推广。

$$
\begin{array}{cccccc}
a_{11} & a_{12} & \cdots & a_{1j} & \cdots & a_{1n} \\
a_{21} & a_{22} & \cdots & a_{2j} & \cdots & a_{2n} \\
\vdots & \vdots & \vdots & \vdots & \vdots & \vdots \\
a_{i1} & a_{i2} & \cdots & a_{ij} & \cdots & a_{in} \\
\vdots & \vdots & \vdots & \vdots & \vdots & \vdots \\
a_{m1} & a_{m2} & \cdots & a_{mj} & \cdots & a_{mn}
\end{array}
$$

图 5.1　二维数组

$$
\begin{array}{cc}
 & \begin{array}{cccccc} (\beta_1 & \beta_2 & \cdots & \beta_j & \cdots & \beta_n) \\ \downarrow & \downarrow & & \downarrow & & \downarrow \end{array} \\
\begin{array}{cc}
\alpha_1 & \rightarrow \\
\alpha_2 & \rightarrow \\
\vdots & \rightarrow \\
\alpha_j & \rightarrow \\
\vdots & \rightarrow \\
\alpha_m & \rightarrow
\end{array} &
\begin{pmatrix}
a_{11} & a_{12} & \cdots & a_{1j} & \cdots & a_{1n} \\
a_{21} & a_{22} & \cdots & a_{2j} & \cdots & a_{2n} \\
\vdots & \vdots & \vdots & \vdots & \vdots & \vdots \\
a_{i1} & a_{i2} & \cdots & a_{ij} & \cdots & a_{in} \\
\vdots & \vdots & \vdots & \vdots & \vdots & \vdots \\
a_{m1} & a_{m2} & \cdots & a_{mj} & \cdots & a_{mn}
\end{pmatrix}
\end{array}
$$

图 5.2　行或列向量表示的数组

数组结构可以简单地定义为：若线性表中的数据元素为非结构的简单元素，则称为一维数组，即向量；若一维数组中的数据元素又是一维数组结构，则称为二维数组；若二维数组中的元素又是一个一维数组结构，则称作三维数组；以此类推。

数组是一个具有固定格式和数量的数据有序集，每一个数据元素有唯一的一组下标来标识。在 C 语言中，二维数组中的数据元素可以表示成 a[下标表达式 1][下标表达式 2]，如 a[i][j]。

对于数组，一般不做插入、删除操作，不移动元素，其基本操作如下。

(1) Getvalue(A, e, $index_1$, ⋯, $index_n$)：若下标合法，则用 e 返回数组 A 中由 $index_1$, ⋯, $index_n$ 下标所指定的元素的值。即给出一组下标，取相应的数据元素。

(2) Setvalue(A, e, $index_1$, ⋯, $index_n$)：若下标合法，则将数组 A 中由 $index_1$, ⋯, $index_n$ 所指定的元素的值置为 e。即给定一组下标，修改相应数据元素中的某一个或几个数据项的值。

这里定义的数组，与 C 语言的数组略有不同，其下标是从任意整数开始的，而 C 语言要求从零开始。在具体问题中可以将下标转换到从零开始。

5.2 数组的顺序存储结构

一般说来，数组一旦建立，则结构中的数据元素个数和元素之间的关系就不再发生变动，因为对数组一般不做插入或删除操作，所以采用顺序存储结构存储数组是很合适的。

在计算机中，内存储器的结构是一维的。用一维的内存表示多维数组，就必须按某种次序将数组元素排成一个线性序列，然后将这个线性序列存放在存储器中。比如二维数组的顺序存储可以有两种方式：一种是按行序存储，另一种是按列序存储。如高级语言 BASIC、Pascal、C 语言都以行序为主存储，Fortran 语言以列序为主存储。

显然，二维数组 $A_{m×n}$ 以行为主的存储序列(Row Major Order)，是将元素按行排列，顺序为第 i+1 行紧跟在第 i 行后面，于是便可以得到以下线性化的序列：(a_{11}, a_{12}, ⋯, a_{1n}), (a_{21}, a_{22}, ⋯, a_{2n}), (a_{31}, a_{32}, ⋯, a_{3n}), ⋯, (a_{m1}, a_{m2}, ⋯, a_{mn})，如图 5.3(a)所示。图 5.3(b)是将数组元素按列向量排列，存储的线性化的序列为：(a_{11}, a_{21}, ⋯, a_{m1}), (a_{12}, a_{22}, ⋯, a_{m2}), ⋯(a_{1i}, a_{2i}, ⋯, a_{mi}), ⋯,(a_{1n}, a_{2n}, ⋯, a_{mn})。C 语言是按行序方式存储的，所以以下涉及的数组存储均采用行序为主序存储。

在数组中若要检索某个元素，就要得到这个元素的存储位置。每个元素的存储位置可以通过数组各维的界偶、第一个元素的存放地址、元素的下标和每个元素在内存中占用的单元数计算得出。假设二维数组 $A_{m×n}$(行：从 1 到 m，列：从 1 到 n)每个元素占 L 个存储单元，以行为主序存储，元素 a_{ij} 的地址计算函数为：

$$LOC(a_{ij})=LOC(a_{11})+[(i-1)×n+(j-1)]×L$$

上面我们是以数组各维的下标从 1 开始的，不失一般性，二维数组 $A_{m×n}$(行：从 c_1 到 d_1，列：从 c_2 到 d_2)每个元素占 L 个存储单元，我们得到元素 a_{ij} 的地址计算函数为：

$$LOC(a_{ij})=LOC(a_{c_1,c_2})+[(d_2-c_2+1)(i-c_1)+(j-c_2)]\times L$$

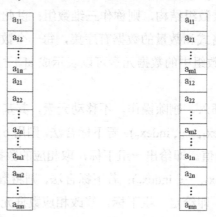

(a) 以行方式存储　　　　(b) 以列方式存储

图 5.3　二维数组的两种存储方式

下面总结一下数组中计算元素地址的方法。

1．一维数组

一维数组 a[t]是由元素 a[0], a[1], …, a[t-1]组成的有限序列，若数组的每个元素占 s 个存储单元，并且从地址 a 开始依次分配数组各元素，若用 LOC(a[i])来表示数组的第 i 个元素的存储位置，则：

$$LOC(a[i])=LOC(a[0])+i*s=a+i*s$$

2．二维数组

二维数组 $A_{m\times n}$ 有两种顺序存储方式：一种是以行序为主序，另一种是以列序为主序。设二维数组合 $A_{m\times n}$ 的行号列号从 0 开始。

1) 以行序为主序的存储分配

首先存储行号为 0 的 n 个元素，对于这 n 个元素按列号从小到大依次存储，紧接着存储行号为 1 的 n 个元素，……，最后存储行号为 m-1 的 n 个元素，地址为：

$$LOC(a_{ij})=LOC(a_{00})+(i*n+j)*s=a+(i*n+j)*s$$

2) 以列序为主序的存储分配

首先存储列号为 0 的 m 个元素，对于这 m 个元素按行号从小到大依次存储，紧接着存储列号为 1 的 m 个元素，……，最后存储行号为 n-1 的 m 个元素，地址为：

$$LOC(a_{ij})=LOC(a_{00})+(j*m+i)*s=a+(j*m+i)*s$$

【例 5.1】对于二维数组 A[3][6]，当按"行优先顺序"存储时，元素 A[2][3]是第几个元素？当按"列优先顺序"存储时，元素 A[2][4]是第几个元素？

分析：这里 m=3，n=6，当按"行优先顺序"存储时，元素 A[2][3]的序号(i=2，j=3)

$$1+i*n+j=1+2*6+3=16$$

当按"列优先顺序"存储时,元素 A[2][4]的序号(i=2,j=4)
$$1+j*m+i=1+4*3+2=15$$

5.3 矩阵的压缩存储结构

二维数组可以用来存储矩阵元素。有的程序设计语言中还提供了各种矩阵运算,给用户使用带来很大的方便。然而,在数值分析中经常出现一些高阶矩阵,在这些高阶矩阵中有许多值相同的元素或者是零元素,为了节省存储空间,对这类矩阵采用多个值相同的元素只分配一个存储空间,有时零元素不存储的存储策略,称为矩阵的压缩存储。

如果值相同的元素或者零元素在矩阵中的分布有一定规律,称此类矩阵为特殊矩阵。还有一类矩阵非零的数据元素个数很少称为稀疏矩阵。下面分别讨论这两类矩阵的压缩存储。

5.3.1 特殊矩阵

我们把具有某种特征的矩阵称为特殊矩阵,例如:元素分布有规律(值相同或零)、零元素很多等。特殊矩阵的主要形式有对称矩阵、对角矩阵,它们都是方阵,即行数和列数相同。

1. 对称矩阵与上下三角阵

对于一个 n 阶矩阵 A 来说:若当 i<j 时,有 a_{ij} 等于常数 C,则称此矩阵为下三角矩阵;若当 i>j 时,有 a_{ij} 等于常数 C,则此矩阵称为上三角矩阵;若矩阵中的所有元素均满足 $a_{ij}=a_{ji}$,则称此矩阵为对称矩阵。

由于对称矩阵具有的性质,可以为每一对对称元分配一个存储空间,以行序为主序存储对称矩阵的下三角(包括对角线)的元素,这样就将 n^2 个单元的存储空间压缩成 $n(n+1)/2$ 个单元的存储空间。

设如图 5.4(a)所示为一对称矩阵 A,假设以一维数组 sa[n(n+1)/2+1]作为 n 阶对称矩阵 A 的存储结构,图 5.4(b)为矩阵 A 的压缩存储结构表示,矩阵的元素从 sa 数组下标为 1 的单元开始存储,且只存储下三角(包括对角线)中的元素,上三角中的元素到对称的位置取,则矩阵中任意元素 a_{ij} 存放在一维数组 sa[k]的对应关系为:

$$k=\begin{cases} i*(i-1)/2+j & (i \geq j) \\ j*(j-1)/2+i & (i < j) \end{cases}$$

如果当数据元素 a_{ij} 在下三角中时 $1 \leq j \leq i \leq n$,存储位置为 k=I*(i-1)/2+j,若该元素在上三角中,我们可以到对称的位置取元素。矩阵中对于任意给定一组下标(i, j),均可在 sa 中找到矩阵元素 a_{ij}。反之,对所有的 k=1, 2, …, n(n+1)/2,都能确定 sa[k]中的矩阵元素在矩阵中的位置(i, j)。由此，称 sa[n(n+1)/2+1]为 n 阶对称矩阵 A 的压缩存储。

这种压缩存储方法同样适合于三角矩阵，包括上三角和下三角矩阵。

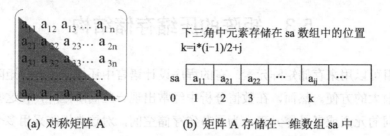

(a) 对称矩阵 A　　　(b) 矩阵 A 存储在一维数组 sa 中

图 5.4　对称矩阵的压缩存储

下三角矩阵的存储，可以将下三角中的元素按图 5.4(b)所示的形式存储在数组 sa 中，将常数 C 存储在数组 sa 的 0 下标内。下三角矩阵压缩存储到一维数组中后，矩阵元素 a_{ij} 下标与一维数组 sa 下标 k 的对应关系为：

$$k=\begin{cases} i*(i-1)/2+j & (i \geq j) \\ 0 & (i<j) \end{cases}$$

上三角矩阵的压缩存储与下三角矩阵类似，同样将常数存放在 sa 的 0 单元，上三角和主对角线上的元素存储在一维数组从 1 开始的单元中。矩阵元素 a_{ij} 下标与一维数组 sa 下标 k 的对应关系为：

$$k=\begin{cases} (i-1)*(2n-i+2)/2+j-i+1 & (i \leq j) \\ 0 & (i>j) \end{cases}$$

2. 对角矩阵

在数值分析中经常出现的还有一类特殊矩阵是对角矩阵。在这种矩阵中所有非零元集中在主对角线为中心的带状区域中。图 5.5 所示为一个三对角矩阵，在三对角矩阵里，除了三条对角线上的元素外，其他元素都是零。对于对角矩阵，压缩存储的主要思路是只存储非零元素。这些非零元素按以行为主序的顺序，从下标为 1 的位置开始依次存放在一维数组中，而 0 位置存放数值 0。图 5.6 所示为图 5.5 所示三对角矩阵的压缩存储。对于任意给定的元素 a_{ij} 其下标与一维数组中的下标 k 之间的对应关系如下：

$$k=\begin{cases} 2 \times i+j-2 & 1 \leq i \leq n, j=i-1, i, i+1 \\ 0 & 其他 \end{cases}$$

$$\begin{pmatrix} 3 & 56 & 0 & 0 & 0 \\ 9 & 5 & 20 & 0 & 0 \\ 0 & 30 & 7 & 17 & 0 \\ 0 & 0 & 23 & 9 & 5 \end{pmatrix}$$

图 5.5 三对角矩阵

0	1	2	3	4	5	6	7	8	9	10	11	12	13
0	3	56	9	5	20	30	7	17	23	9	5	15	9

图 5.6 三对角矩阵的压缩存储

5.3.2 稀疏矩阵

在特殊矩阵中，非零元都有明显的规律，从而都可以压缩到一维数组中。然而，实际应用中经常会遇到一类矩阵，其非零元少，且分布没有明显的规律，称之为稀疏矩阵。例如图 5.7(a)中的 M 是一个 6×7 的稀疏矩阵，只有 8 个非零元。按压缩存储的思想，只存储稀疏矩阵中的非零元。为了便于检索和存取，在存储中必须带有适当的辅助信息，即同时记下它所在行和列的位置。下面介绍两种方法。

1. 三元组表示法及转置运算

一个三元组(i, j, a_{ij})可唯一确定矩阵 M 的一个非零元。由此，稀疏矩阵由表示非零元的三元组线性表确定，图 5.7(b)表示的是 M 矩阵的三元组构成。这个三元组是否与矩阵 M 一一对应？如果在 M 矩阵中再增加一行第 7 行，且第 7 行元素均为零。再用三元组表示这个矩阵，仍然为图 5.7(b)所示。这说明表示稀疏矩阵只有一个三元组表是不够的，还需要表示矩阵的行数和列数，才能唯一对应。三元组表加上稀疏矩阵的行数和列数值描述，就可以得到稀疏矩阵的压缩存储的三元组表示法。

$$\begin{pmatrix} 0 & 12 & 9 & 0 & 0 & 0 & 0 \\ 0 & 0 & 0 & 0 & 0 & 0 & 0 \\ -3 & 0 & 0 & 0 & 0 & 14 & 0 \\ 0 & 0 & 24 & 0 & 0 & 0 & 0 \\ 0 & 18 & 0 & 0 & 0 & 0 & 0 \\ 15 & 0 & 0 & -7 & 0 & 0 & 0 \end{pmatrix}$$

(a) 稀疏矩阵 M

	i	j	v
1	1	2	12
2	1	3	9
3	3	1	−3
4	3	6	14
5	4	3	24
6	5	2	18
7	6	1	15
8	6	4	−7

(b) 稀疏矩阵 M 的三元组表示

图 5.7 稀疏矩阵及三元组表示

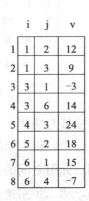

数据类型说明如下:

```
#define maxnum 100
#define elemtype int
typedef struct
{   int i,j;                    /*行号、列号*/
    elemtype v;                 /*非零元素*/
} triple3tp;
typedef struct
{   int mu,nu,tu;               /*行数、列数和非零元素的个数*/
    triple3tp data[maxnum];     /*三元组表*/
}sparmattp;
```

三元组表示稀疏矩阵，如何实现转置运算？矩阵的转置是最简单的矩阵运算，对于一个 m×n 的矩阵 M，它的转置矩阵 N 是一个 n×m 的矩阵，且 N(i, j)=M(j, i)，1≤i≤n, 1≤j≤m。例如图 5.7(a)和图 5.8(a)中 M 与 N 互为转置矩阵，显然，一个稀疏矩阵的转置矩阵仍然是稀疏矩阵。假设 a、b 是 **sparmattp** 型的变量分别表示矩阵 M 和 N。下面的问题是如何由 a 得到 b 呢？

三元组表示的稀疏矩阵转置时将每个三元组中的行号、列号交换，并按新的行号(转置前的列号)排列三元组，因为我们所有的存储方式都是行方式存储。图 5.8(b)是 N 矩阵的三元组表示。

(a) M 的转置 N   (b) N 的三元组表

图 5.8 矩形 N 及三元组表示

实现转置操作主要有两步：

(1) 在三元组表中，将 i,j 值交换。

(2) 重新排列三元组之间的次序便可得矩阵的转置。

第一步很容易，第二步实质是如何实现使 b.data 三元组以矩阵 N 的行(M 的列)为存储主序来存储。

按照矩阵 M 的列序进行转置。对 M 中的每一列 col(0≤col≤n-1)，通过从头至尾扫描三元组表 a.data，找出所有列号等于 col 的那些三元组，将它们的行号和列号互换后依次放入 b.data 中，即可得到 N 的按行优先的压缩存储表示。具体算法描述如下：

```
void traxs_sparmat(sparmattp a,sparmattp *b)
/*稀疏矩阵 M 和 N 采用三元组表 a 和 b 存储表示*/
{   int p,q,col;              /*p、q 分别为 a、b 三元组的序号*/
    b->mu=a.mu;b->nu=a.nu;b->tu=a.tu;
    if (b->tu!=0)
    {  q=1;
       for(col=1;col<=a.nu;col++)    /*M 的列号 col(N 的行号) 从 1 到 a.nu 循环 */
            for(p=1;p<=a.tu;p++)
                if (a.data[p].j==col)  /*从前到后依次在 M 中选择列号为 col 的转置*/
                {   b->data[q].i=a.data[p].j;
                    b->data[q].j=a.data[p].i;
                    b->data[q].v=a.data[p].v;
                    q++;
                }
    }
}
main()
{   sparmattp M,N;
    int k;
    printf("输入行数：\n");
    scanf("%d",&M.mu);
    printf("输入列数：\n");
    scanf("%d",&M.nu);
    printf("输入非零元个数：\n");
    scanf("%d",&M.tu);
    printf("输入矩阵 M(i, j, v): \n");
    for(k=1;k<=M.tu;k++)                              /*建立矩阵 M*/
        scanf("%d,%d,%d",&M.data[k].i,&M.data[k].j,&M.data[k].v);
    printf("输入矩阵 M 的三元组：");
    for(k=1;k<=M.tu;k++)
    {   printf("%4d|%4d|%4d",M.data[k].i,M.data[k].j,M.data[k].v);
        printf("\n");
    }
    traxs_sparmat(M,&N);
    printf("输入矩阵 N 的三元组：");
    for(k=1;k<=N.tu;k++)
    {   printf("%4d|%4d|%4d",N.data[k].i,N.data[k].j,N.data[k].v);
        printf("\n");
    }
}
```

2. 十字链表

当矩阵非零元的位置或个数变动时，三元组就不适合作稀疏矩阵的存储结构，这时采用链表存储结构更恰当。

稀疏矩阵的十字链表(Orthogonal List)表示法是将矩阵中的每个非零元用一个结点来表示。这种结点由五个域组成,如图 5.9(a)所示。其中:行域(row)、列域(col)、值域(val)分别表示非零元所在的行号、列号和数值。向下域(down)用于链接同一列中下一个非零元的结点,向右域(right)用以链接同一行中下一个非零元的结点。这样一来,一行中非零元的结点之间构成一个链表,一列中非零元的结点之间也构成一个链表,把每行、每列的链表用循环线性链表来表示,且使第 k 行和第 k 列的两个表头联合用一个表头结点。

(a) 非零结点　　(b) 行列结点　　(c) 总表头

图 5.9　十字链表结点

这种行(列)表头结点也由五个域组成,如图 5.9(b)所示,其中相应的 col、row 域内输入 0,next 域链接下一行(列)循环线性链表的表头结点。且设置总表头结点,为了使结点格式上统一,总表头结点也用五个域,如图 5.9(c)所示,其中 m、n 为稀疏矩阵行数和列数。矩阵 M 十字链表表示示例如图 5.10 所示。

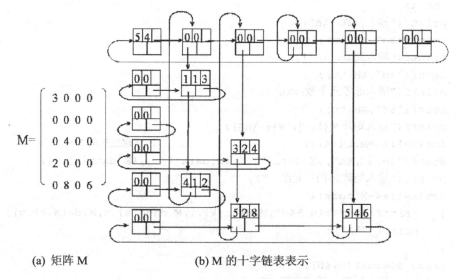

(a) 矩阵 M　　　(b) M 的十字链表表示

图 5.10　十字链表表示示例

5.4　广义表的定义

广义表也是线性表的一种推广。它被广泛地应用于人工智能等领域的表处理语言 LISP 语言中。在 LISP 语言中,广义表是一种最基本的数据结构,就连 LISP 语言的程序也表示为一系列的广义表。

在第 2 章中，线性表被定义为一个有限的序列$(a_1, a_2, a_3, \cdots, a_n)$，其中 a_i 被限定为是单个数据元素。广义表也是 n 个数据元素 $d_1, d_2, d_3, \cdots, d_n$ 的有限序列，但不同的是，广义表中的 d_i 既可以是单个元素，又可以是一个广义表，通常记作：$GL=(d_1, d_2, d_3, \cdots, d_n)$。GL 是广义表的名字，通常广义表的名字用大写字母表示。n 是广义表的长度。若其中 d_i 是一个广义表，则称 d_i 是广义表 GL 的子表。在广义表 GL 中，d_1 是广义表 GL 的表头，而广义表 GL 其余部分组成的表$(d_2, d_3, \cdots, d_n)$称为广义表的表尾。由此可见广义表的定义是递归定义的。因为在定义广义表时，又使用了广义表的概念。下面给出一些广义表的例子，以加深对广义表概念的理解。

(1) D=()：空表；其长度为零。

(2) A=(a, (b, c))：表长度为 2 的广义表，其中第一个元素是单个数据 a，第二个元素是一个子表(b, c)。

(3) B=(A, A, D)：表长度为 3 的广义表，其前两个元素为表 A，第三个元素为空表 D。

(4) C=(a, C)：表长度为 2 的递归定义的广义表，C 相当于无穷表 C=(a, (a, (a, (…))))。

其中，A、B、C、D 是广义表的名字。下面以广义表 A 为例，说明求表头、表尾的操作如下：

head(A)=a，tail(A)=(b, c)

表 A 的表头是 a，表 A 的表尾是(b, c)。广义表的表尾一定是一个表。

从上面的例子可以看出：

(1) 广义表的元素可以是子表，而子表还可以是子表，由此，广义表是一个多层的结构。

(2) 广义表可以被其他广义表共享。如：广义表 B 就共享表 A。在表 B 中不必列出表 A 的内容，只要通过子表的名称就可以引用该表。

(3) 广义表具有递归性，如上面介绍的广义表 C。

5.5 广义表的存储结构

5.5.1 头尾表示法

由于广义表 $GL=(d_1, d_2, d_3, \cdots, d_n)$中的数据元素既可以是单个元素，也可以是子表，因此对于广义表，我们难以用顺序存储结构来表示它，通常我们用链式存储结构来表示。表中的每个元素可用一个结点来表示。广义表中有两类结点，一类是单个元素结点，一类是子表结点。从 5.4 节得知，任何一个非空的广义表都可以将其分解成表头和表尾两部分，反之，一对确定的表头和表尾可以唯一地确定一个广义表。由此，一个表结点可由三个域构成：标志域，指向表头的指针域，指向表尾的指针域。而元素结点只需要两个域：标志域和值域。头尾表示法的结点形式如图 5.11 所示。

| tag=1 | hp | tp | | tag=0 | data |

图 5.11 头尾表示法的结点形式

其形式说明如下:

```
/*广义表的头尾链表存储结构*/
typedef enum {ATOM, LIST} ElemTag;  /* ATOM=0 表示原子；LIST=1 表示子表*/
typedef struct GLNode
{   ElemTag tag;            /*标志位 tag 用来区别原子结点和表结点*/
    union
    {   AtomType atom;      /*原子结点的值域 atom*/
        struct { struct GLNode * hp, *tp;} htp;
        /*表结点的指针域 htp,包括表头指针域 hp 和表尾指针域 tp*/
    }atom_htp;
    /* atom_htp 是原子结点的值域 atom 和表结点的指针域 htp 的联合体域*/
}*GList;
```

5.4 节中的广义表 A、B、C、D 的头尾表示法存储如图 5.12 所示。

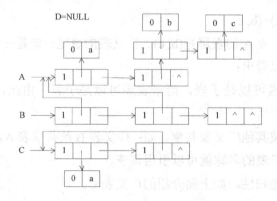

图 5.12　广义表 A、B、C、D 的头尾表示法存储

在这种存储结构中，能够很清楚地分清单元素和子表所在的层次，在某种程度上给广义表的操作带来了方便。

5.5.2 孩子兄弟表示法

广义表的另一种表示法称为孩子兄弟表示法。在孩子兄弟表示法中，无论是单元素结点还是子表结点均由三个域构成。其结点结构如图 5.13 所示。

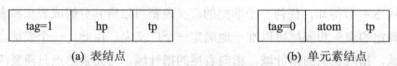

图 5.13　广义表的孩子兄弟表示法结点结构

这种存储结构的形式说明如下：

```
typedef enum {ATOM,LIST} ElemTag; /* ATOM=0 表示原子；LIST=1 表示子表*/
typedef struct GLNode
{   ElemTag tag;
    union
    {   AtomType atom;
        struct GLNode * hp;
    }atom_hp;
    /* atom_hp 是原子结点的值域 atom 和表结点的表头指针域 hp 的联合体域*/
    struct GLNode * tp; /* tp 指向下一个结点 */
}*GList;
```

5.4 节中的广义表 A、B、C、D 的孩子兄弟表示法存储如图 5.14 所示。

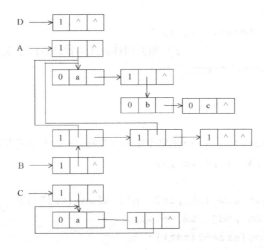

图 5.14 广义表 A、B、C、D 的孩子兄弟表示法存储

5.6 数组的应用

【例 5.2】稀疏矩阵相加。两个稀疏矩阵 A 和 B 采用十字链表方式存储，计算 C=A+B，C 采用十字链表方式存储。

算法分析：根据矩阵相加的法则，C 中的非零元素 c_{ij} 只可能有 3 种情况：$a_{ij}+b_{ij}$, $a_{ij}(b_{ij}=0)$, $b_{ij}(a_{ij}=0)$。因此，当 B 加到 A 上时，对 A 的十字链表来说，或者是改变结点的 val 域值 $a_{ij}+b_{ij}$ ≠0，或者不变($b_{ij}=0$)，或者插入一个新结点($a_{ij}=0$)，还可能是删除一个结点($a_{ij}+b_{ij}=0$)。整个运算可从矩阵的第一行逐步进行。对每一行都从行表头出发分别找到 A 和 B 在该行中的第一个非零元素结点后开始比较，然后按以下 4 种不同情况分别处理(假设 pa 和 pb 分别指向 A 和 B 的十字链表中行值相同的两个结点)。

(1) 若 pa→col=pb→col 且 pa→val+pb→val≠0，则只要将 $a_{ij}+b_{ij}$ 的值送到 pa 所指结点

的值域中即可。

(2) 若 pa→col=pb→col 且 pa→val+pb→val=0，则需要删除 A 矩阵的十字链表中 pa 所指结点，此时需改变同一行中前一个结点 righ 域值，以及同一列中前一结点的 down 值域。

(3) 若 pa→col<pb→col 且 pa→col≠0(即不是表头结点)，则只需要将 pa 指针往后推进一步，重新加以比较。

(4) 若 pa→col>pb→col 且 pa→col=0，则只需要在 A 矩阵的十字链表中插入一个值为 b_{ij} 的结点。

程序实现如下：

```c
#include <stdio.h>
#define MAX 100
typedef  struct  lnode            /* 数据类型定义 */
{   int row,col;
    struct lnode *down,*right;
    union                          /* 用共用体定义两种结点：非零元素行，列首结点 */
    {   struct lnode *next;
        int val;
    }uval;
}mat;
mat *createmat(mat *h[ ])/*建立十字链表算法，h 是十字链表各行首指针的数组*/
{   int m ,n ,t ,s ,i ,r ,c ,v;
    mat *p,*q;
    printf ("input row (m) ,col (n), elem (t):" );
    scanf ("%d ,%d ,%d" ,&m,&n,&t);
    p=(mat*)malloc(sizeof(mat));
    h[0]=p;
    p->row=m;
    p->col=n;
    s=m>n?m:n;
    for(i=1;i<=s;i++)
    {   p=(mat*)malloc(sizeof(mat));
        h[i]=p;
        h[i-1]->uval.next=p;
        p->row=p->col=0;
        p->down=p->right=p;
    }
    h[s]->uval.next=h[0];
    for(i=1;i<=t;i++)
    {   printf("\tinput data %d r, c, v):",i};
        scanf ("%d ,%d, %d" , &r ,&c ,&v );
        p=(mat*)malloc(sizeof(mat));
        p->row=r;
```

```c
            p->col=c;
            p->uval.val=v;
            q=h[r];
            while(q->right!=h[r]&&q->right->col<c)
                q=q->right ;
            p->right=q->right;
            q->right=p;
            q=h[c];
            while(q->down!=h[c]&&q->down->row<r)
                q=q->down;
            p->down=q->down;
            q->down=p;
        }
        return(h[0]);
}
void prmat(mat *hm)    /*输出十字链表表示的矩阵*/
{   mat *p,*q;
    printf ("\noutput result is:\n");
    printf ("row=%d col=%d\n:", hm->row, hm->col);
    p=hm->uval.next;
    while(p!=hm)
    {   q=p->right;
        while(p!=q)
        {    printf ("\t%d,%d,%d:\n",q->row,q->col,q->uval.val);
            q=q->right;
        }
        p=p->uval.next;
    }
}
mat *colpred (int i,int j,mat *h[ ] )   /*找非零元素在十字链表中的前驱结点*/
{   mat *d;
    d=h[j];
    while(d->down->col!=0&&d->down->row<i)
        d=d->down;
    return(d);
}
mat *addmat(mat *ha,mat *hb,mat *h[])    /*十字链表表示的矩阵相加*/
{   mat *p, *q, *ca, *cb, *pa, *pb, *qa;
    if(ha->row!=hb->row||ha->col!=hb->col)
    {   printf("ERROR!\n");
        exit(0);
    }
    else
```

```c
            {   ca=ha->uval.next;
                cb=hb->uval.next;
                do
                {   pa=ca->right;
                    pb=cb->right;
                    qa=ca;
                    while(pb->col!=0)
                        if(pa->col<pb->col&&pa->col!=0)
                        {   qa=pa;
                            pa=pa->right;
                        }
                        else
                            if(pa->col>pb->col||pa->col==0)
                            {   p=(mat*)malloc(sizeof(mat));
                                *p=*pb;
                                p->right=pa;
                                qa->right=p;
                                qa=p;
                                q=colpred(p->row,p->col,h);
                                p->down=q->down;
                                q->down=p;
                                pb=pb->right;
                            }
                            else
                            {   pa->uval.val+=pb->uval.val;
                                if(pa->uval.val==0)
                                {   qa->right=pa->right;
                                    q=colpred(pa->row,pa->col,h);
                                    q->down=pa->down;
                                    free(pa);
                                }
                                else qa=pa;
                                pa=pa->right;
                                pb=pb->right;
                            }
                    ca=ca->uval.next;
                    cb=cb->uval.next;
                }while(ca->row==0);
            }
            return(h[0]);
        }
        void main( )    /*主程序*/
        {   mat *hm,*hm1,*hm2;
```

```
    mat *h[MAX], *h1[MAX];
    clrscr( );
    printf("creat 1:\n");
    hm1=createmat(h);  /*创建第一个十字链表表示的矩阵*/
    printf("creat 2:\n");
    hm2=createmat(h1); /*创建第二个十字链表表示的矩阵*/
    hm=addmat(hm1,hm2,h);
    prmat(hm);  /*两个矩阵相加*/
    getch();
}
```

本 章 小 结

(1) 数组可看作线性表的推广,数组在计算机中采用顺序存储结构表示,通常有两种存储顺序:以行序为主序和以列序为主序。

(2) 为了节省存储空间,可以对特殊矩阵和稀疏矩阵进行压缩存储。

(3) 广义表是线性表的推广,有两种表示方法:头尾表示法和孩子兄弟表示法。

习　　题

一、填空题

1. 二维数组 A[10][20]采用列序为主方式存储,每个元素占一个存储单元,并且 A[0][0]的存储地址是 200,则 A[6][2]的地址是_____。

2. 二维数组 Am×n,行下标的范围从-2 到 5,列下标的范围从 2 到 8,以行主序存储,设第一个元素的首地址是 54,每个元素的长度为 5,则元素 $A_{0,6}$ 的存储首地址为_____。

3. 有一个十阶对称矩阵 A,采用压缩存储方式(以行序为主存储,且 A[0][0]=1),则 A[8][5]的地址是_____。

4. 设广义表 L=((), ()),则 Head(L)是_____;Tail(L)是_____;L 的长度是_____;深度是_____。

5. 已知广义表 L=((x,y,z),a,(u,t,w)),从 L 表中取出原子项 t 的运算是_____。

二、选择题

1. 数组通常具有的两种基本操作是(　　)。
   A. 建立和删除　　　　　　　　B. 索引和修改
   C. 查找和修改　　　　　　　　D. 查找和索引

2. 二维数组 Am×n,行下标的范围从 10 到 20,列下标的范围从 5 到 10,采用以行主序的方式存储,每个数据元素占 4 个存储单元,且 A[10,5]的存储地址是 1000,则 $A_{18,9}$ 的存储地址是( )。

    A. 1208   B. 1212   C. 1368   D. 1364

3. 稀疏矩阵的压缩存储方法通常有两种，即( )。

    A. 二元数组和三元数组   B. 三元组和散列

    C. 三元组和十字链表   D. 散列和十字链表

4. 二维数组 M 的元素是 4 个字符(每个字符占一个存储单元)组成的串，行下标 i 的范围从 0 到 4，列下标 j 的范围从 0 到 5，M 按行存储是元素 M[3][5]的起始地址与 M 按列存储是元素( )的起始地址相同。

    A. M[2][4]   B. M[3][4]   C. M[3][5]   D. M[4][4]

5. 已知 Head(Tail)[Head(S), Head(Tail(Tail(S)))]])=[a]，广义表 S 满足上式，则 S 为( )。

    A. [a,b]b,a]   B. [[b,a],[a][b]]   C. [[a],[a,b]]   D. [[b],[b,a],[a]]

三、判断题

1. 十字链表不是顺序存储结构。( )
2. 三元组表不是一个随机存储结构。( )
3. 稀疏矩阵压缩存储后，必然会失去随机存取功能。( )
4. 若一个广义表的表头为空表，则此广义表也为空表。( )
5. 任何一个非空广义表，其表头可能是单元素或广义表，其表尾必定是广义表。( )
6. 一个稀疏矩阵 $A_{m \times n}$，采用三元组形式表示，若把三元组中有关行下标和列下标的值互换，并把 m 和 n 的值互换，则就完成了 $A_{m \times n}$ 的转置运算。( )
7. 如果广义表中的每个元素都是原子，则广义表便成为线性表。( )
8. 广义表中原子个数即为广义表长度。( )
9. 广义表最大子表的深度为广义表的深度。( )
10. 广义表中元素最大的层数称为广义表的深度。( )

四、应用题

1. 数组 M 中每个元素的长度是 3 个字节，行下标 i 从 0 到 7，列下标从 0 到 9，从首地址 EA 开始连续存放在存储器中。若按行优先方式存放，元素 M[7][5]起始地址为多少？若按列优先方式存放，元素 M[7][5]起始地址为多少？

2. 二维数组 M 的成员是 6 个字符(每个字符占一个存储单元)组成的串，行下标 i 的范围从 0 到 8，列下标 j 的范围从 0 到 9，则存放 M 至少需要多少个字节？M 的第 8 列和第 5 行共占多少个字节？若 M 按行优先方式存储，元素 M[8][6]的起始地址与当 M 按列优先方式存储时哪个元素的起始地址一致？

3. 设二维数组 $A_{5 \times 6}$ 的每个元素占 4 个字节，已知 $LOC(a_{00})=1000$，A 共占多少个字节？

A 的终端结点的起始位置是多少？按行和列优先存储时，$a_{2,5}$ 的起始地址分别为多少？

4. 设矩阵 $A = \begin{pmatrix} 2 & 0 & 0 & 4 \\ 0 & 0 & 3 & 0 \\ 0 & 3 & 0 & 0 \\ 4 & 0 & 0 & 0 \end{pmatrix}$

(1) 若将 A 视为对称矩阵，画出对其压缩存储的存储表，并讨论如何存取 A 中元素 aij (0<=i,j<4)。

(2) 若将 A 视为稀疏矩阵，画出 A 的十字链表结构。

5. 画出广义表(((b,c),d),(a),((a),((b,c),d)),e,())的孩子兄弟表示法的存储结构。

五、算法设计题

1. 用二维数组实现"魔方阵"的打印，所谓"魔方阵"是指组成元素是自然数 1 到 n^2 的 n×n 阶方阵，满足每一行、每一列和对角线上的元素之和均相等的方阵。例如：

8　　1　　6
3　　5　　7
4　　9　　2

就是一个三阶的魔方阵。现在要求编程实现任意输入一个自然数 n，打印出相应的 n 阶魔方阵。

2. 找出并打印一个二维数组中的鞍点，所谓鞍点是指该位置上的元素在该行上最大，在该列上最小。

第6章 树和二叉树

学习目标与要求：

本章通过实例引出树的概念，主要介绍树和森林的定义；树的基本术语；树的存储结构以及树和森林与二叉树的相互转换；重点介绍二叉树的定义、性质及存储结构；二叉树的遍历和线索化；二叉树的应用。通过本章的学习，要求掌握如下内容。

- 了解树的定义及基本术语。
- 熟练掌握二叉树的性质，了解其性质证明的方法；熟练掌握二叉树的存储结构及二叉树的各种遍历算法。
- 理解二叉树线索化的实质，熟练掌握二叉树线索化的过程以及在中序线索化二叉树上找给定结点的后继的方法。
- 熟练掌握哈夫曼树的构造方法及哈夫曼树的应用。
- 掌握树的各种存储结构及特点，以及树和森林与二叉树之间的转换方法。

6.1 树的概念和基本操作

6.1.1 树的引例

某学校组织结构图如图 6.1 所示，从图中可以看出学校的组织结构图就像一棵倒放的树一样，表示的是数据之间的一种层次关系，数据与数据之间是一种一对多的关系。这种树形结构在客观世界中广泛存在，例如人类的家谱，操作系统中的目录结构都是树形结构的具体应用。

图 6.1 某学校组织结构图

6.1.2 树的定义和基本术语

树是 n(n≥0)个结点的有限集。在任意一棵非空树中：

(1) 有且仅有一个特定的称为根的结点。

(2) 当 n>1 时，其余结点可分为 m(m>0)个互不相交的有限集 $T_1, T_2, \cdots, T_m$，其中每个集合本身又是一棵树，并且称为根的子树。树的定义是一个递归的定义，即在树的定义中又用到树的概念，归根结底树是由若干结点构成的。例如，图 6.2(a)是只有一个根结点的树，图 6.2(b)是有 13 个结点的树，其中 A 是根，其余结点分成三棵互不相交的子集，分别是 T1={B，E，F，L，M}，T2={C，G}，T3={D，H，I，J，K}，它们都是 A 的子树，同时它们本身又是一棵树。

下面结合图 6.2 介绍树的基本术语。

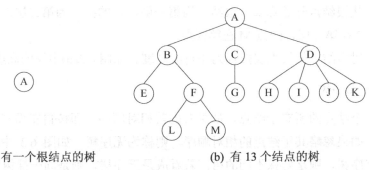

(a) 只有一个根结点的树　　　　　(b) 有 13 个结点的树

图 6.2　树的示例

1. 结点的度和树的度

一个结点所拥有的子树的个数称为该结点的度。如图 6.2(b)中 A 的度是 3，D 的度是 4。树中结点度数的最大值称为树的度。如图 6.2(b)中树的度为 4。

2. 叶结点和分支结点

叶结点，又称终结结点或叶子，是树中度为 0 的结点。如图 6.2(b)中 E、L、M、G、H、I、J、K 结点。

分支结点，又称非终结结点，是树中度不为 0 的结点。如图 6.2(b)中 A、B、C、D、F 结点。

3. 子结点、父结点和兄弟结点

子结点：任一结点 x 的子树的根结点称为 x 的子结点，又称孩子、儿子、子女。

父结点： x 则是其子结点的父结点，又称双亲结点。

兄弟结点：同一父结点的各个子结点之间称为兄弟结点。

如图 6.2(b)中 B 是 A 的子结点，反过来，A 就是 B 的父结点，B、C、D 互为兄弟结点。

4. 路径和路长

路径：如果 $n_1, n_2, \cdots, n_k$ 是树中的结点序列，并且 n_i 是 $n_{i+1}(1 \leq i \leq k-1)$ 的双亲，则序列 $n_1, n_2, \cdots, n_k$ 称为从 n_1 到 n_k 的一条路径。

路长：等于路径上结点的个数减 1。

如图 6.2(b)中 A、B、F、L 是一条路径，路长为 3。

5. 祖先和后代

如果从 A 结点到 B 结点有一条路径存在，则称 A 是 B 的祖先，反过来，则称 B 是 A 的后代。任一结点既是它自己的祖先又是它自己的后代。如图 6.2(b)中 B 是 F 的祖先，B 又是 M 的祖先，M 是 B 的后代。

6. 结点的层和树的高度

结点的层：从根结点开始算起，根结点为第一层，根的孩子为第二层，以此类推。如图 6.2(b)中结点 B 在第二层，结点 M 在第四层。

树的高度：树中结点的最大层数称为该树的高度。如图 6.2(b)中树的高度为 4。

7. 有序树和无序树

在树中，一个结点的所有子结点，如果考虑其相对顺序，即按自左而右排序，则这种树称为有序树；如果忽略其子结点的相对顺序，则称为无序树。如图 6.3 中的两棵树，若把它们看成是有序树，则是两棵不同的树；若看成是无序树，则是同一棵树。

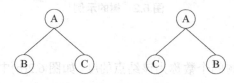

图 6.3 两棵有序树

8. 森林

m(m≥0)棵互不相交的树构成的集合称为森林。图 6.4 所示就是一个森林。

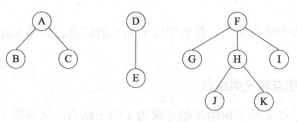

图 6.4 森林示例

就逻辑结构而言，树中任一结点可以有零个或多个后继结点，但只能有一个前驱结点(根结点除外，根结点没有前驱结点)。树形结构是非线性的，数据之间存在着一对多的关系。

6.1.3 树的基本操作

6.1.2 节给出了树的定义，下面给出关于树的基本操作：

(1) INITTREE(T)：初始化一棵空树。

(2) CREATE_TREE(T, T$_1$, T$_2$, …, T$_k$)：当 k≥1 时，建立一棵以 T 为根结点，以 T$_1$, T$_2$, …, T$_k$ 为第 1, 2, …, k 棵子树的树。

(3) ROOT(T)：返回树 T 的根结点的地址，若 T 为空，则返回空值。

(4) PARENT(T, e)：若 e 是 T 的非根结点，则返回结点 e 的双亲结点的地址，否则返回空值。

(5) VALUE(T, e)：返回树 T 中结点 e 的值。

(6) LEFTCHILD(T, e)：若 e 是树 T 中的非叶子结点，则返回 e 的最左孩子的地址，否则返回空值。

(7) RIGHTSIBLING(T, e)：若树 T 中结点 e 有右兄弟，则返回 e 的右兄弟的地址，否则返回空值。

(8) TREEEMPTY(T)：判断树空。若树 T 为空，则返回 1，否则返回 0。

6.2 二 叉 树

二叉树是一类重要的树形结构，许多实际问题抽象出来的数据结构都可以表示成二叉树的形式。

6.2.1 二叉树的定义

二叉树是有限个结点的集合，这个集合或者是空集，或者是由一个根结点和两棵不相交的二叉树组成，其中一棵叫做左子树，另一棵叫做右子树。

关于二叉树的定义也是一个递归的定义，值得注意的是，二叉树不是作为树的特殊形式出现的，二叉树和树是两个完全不同的概念。例如，图 6.5(a) 和 6.5(b) 作为二叉树是两棵不同的二叉树，图 6.5(a) 中 B 是 A 的左子树，图 6.5(b) 中 B 是 A 的右子树；如果图 6.5(a) 和图 6.5(b) 作为树的话，无论是有序树还是无序树，它们都是相同的树。

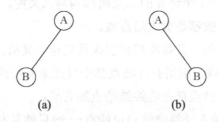

图 6.5 树和二叉树示例

树的所有的术语对二叉树依然适用。

6.2.2 二叉树的性质

性质 1 二叉树第 i 层上至多有 2^{i-1} 个结点(i≥1)。

证明：利用数学归纳法很容易证明该性质。

i=1 时，第一层只有一个根结点，显然 $2^{i-1}=2^0=1$ 是成立的。

假设命题对所有 $k(1 \leqslant k < i)$ 成立，即第 k 层至多有 2^{k-1} 个结点，由于第 k 层的每个结点至多发出两条分支，则对于第 k+1 层的结点最多为 $2 \times 2^{k-1} = 2^k$ 个结点。从而性质 1 的结论得以证明。

性质 2 高度为 k 的二叉树至多有 $2^k - 1$ 个结点。

证明：由性质 1 可知，第 i 层的结点最多为 2^{i-1}，则高度为 k 的二叉树总的结点个数最多为 $\sum_{i=1}^{k} 2^{i-1} = 2^k - 1$。

性质 3 对任意一棵非空二叉树，如果叶结点的个数为 n_0，度为 2 的结点的个数为 n_2，则 $n_0 = n_2 + 1$。

证明：设 n_1 是二叉树中度为 1 的结点的个数，则二叉树中总的结点个数

$$n = n_0 + n_1 + n_2 \qquad (6.1)$$

再从二叉树中每个结点发出的分支数来看，度为 2 的结点发出 2 个分支，度为 1 的结点发出 1 个分支，度为 0 的结点不发出分支，设 B 为二叉树中的分支总数，则

$$B = 2n_2 + n_1 \qquad (6.2)$$

另一方面，从进入每个结点的分支来看，除了根结点没有进入分支外，其余结点均有 1 个进入分支，则分支总数

$$B = n - 1 \qquad (6.3)$$

将式(6.3)代入式(6.2)得

$$n = 2n_2 + n_1 + 1 \qquad (6.4)$$

由式(6.1)和式(6.4)消去 n 和 n_1 得

$$n_0 = n_2 + 1$$

下面介绍两种特殊形式的二叉树。

一棵高度为 k 且具有 $2^k - 1$ 个结点的二叉树称为满二叉树。如图 6.6(a)所示是一棵满二叉树，满二叉树每层的结点数都是最大结点数。

同时满足下面三个性质的二叉树我们把它叫做完全二叉树。

(1) 设二叉树的高度为 k，则所有叶结点都出现在第 k 层或第 k-1 层。

(2) 第 k-1 层所有的叶结点都在非终结结点的右端。

(3) 除了第 k-1 层的最右非终结结点可能有一个(只能是左分支)或两个分支外，其余非终结结点都有左、右两个分支。

完全二叉树如图 6.6(b)所示。

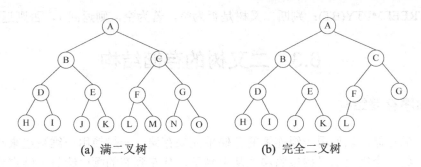

(a) 满二叉树　　　　　　　(b) 完全二叉树

图 6.6　满二叉树和完全二叉树

由满二叉树和完全二叉树的定义可知，满二叉树一定是完全二叉树，而完全二叉树不一定是满二叉树。

以下二叉树的性质是基于完全二叉树的。

性质 4　具有 n 个结点的完全二叉树的深度为 $\lfloor \log_2 n \rfloor + 1$ [①]。

证明：假设完全二叉树的深度为 k，则根据性质 2 和完全二叉树的定义有

$$2^{k-1}-1 < n \leq 2^k - 1 \text{ 或 } 2^{k-1} \leq n < 2^k$$

于是 $k-1 \leq \log_2 n < k$，因为 k 是整数，所以 $k = \lfloor \log_2 n \rfloor + 1$。

性质 5　对于一棵具有 n 个结点的完全二叉树，按照层次自上而下，自左而右的顺序给每个结点编号，则对任意编号为 i(1≤i≤n)的结点有下列性质：

(1) 若 i=1，则结点 i 是二叉树的根；若 i>1，则结点 i 的双亲结点为 $\lfloor i/2 \rfloor$。

(2) 若 2i<n，则结点 i 有左孩子，其左孩子的编号为 2i，否则 i 无左孩子，是叶结点。

(3) 若 2i+1<n，则结点 i 有右孩子，其右孩子的编号为 2i+1，否则 i 无右孩子。

读者可以在任何一个完全二叉树上验证得到性质 5。

6.2.3　二叉树的基本操作

二叉树的基本操作如下。

(1) CREATE_BT(BT, LBT, RBT)：建立一棵以 BT 为根，LBT 为左子树，RBT 为右子树的二叉树。

(2) ROOT(BT)：返回二叉树 BT 的根结点的地址，若 BT 为空，则返回空值。

(3) VALUE(BT, e)：返回二叉树 BT 中结点 e 的值。

(4) PARENT(BT, e)：若 e 是二叉树 BT 的非根结点，则返回结点 e 的双亲结点的地址，否则返回空值。

(5) LCHILD(BT, e)：返回二叉树 BT 中结点 e 的左孩子的地址，若 e 没有左孩子，则返回空值。

(6) RCHILD(BT, e)：返回二叉树 BT 中结点 e 的右孩子的地址，若 e 没有右孩子，则返回空值。

(7) TREEDEPTH(BT)：返回二叉树 BT 的高度。

---

① 符号 $\lfloor x \rfloor$ 表示不大于 x 的最大整数，反之，$\lceil x \rceil$ 表示不小于 x 的最小整数。

(8) TREEEMPTY(BT)：判断二叉树是否为空，若为空，则返回1，否则返回0。

6.3 二叉树的存储结构

6.3.1 顺序存储结构

二叉树的存储可以使用一组连续的存储单元来存储，一般使用一维数组来存储一个完全二叉树，将一个完全二叉树按照层次从上到下，从左到右的顺序给每个结点编号，按编号的顺序将每个结点的值存储到对应的数组单元中，即第 i 个结点对应存储到下标值为 i-1 的单元中。如图 6.7 是图 6.6(b)所示的完全二叉树的顺序存储结构。对于非完全二叉树，则需要将其转化成为完全二叉树的形式，再存储到一维数组中，不存在的结点存储空值。非完全二叉树的顺序存储结构如图 6.8 所示。

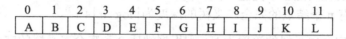

图 6.7 完全二叉树的顺序存储结构

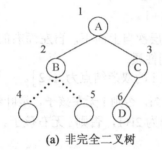
(a) 非完全二叉树

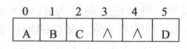
(b) 非完全二叉树的顺序存储结构

图 6.8 非完全二叉树的顺序存储结构

二叉树的顺序存储结构使用 C 语言描述如下：

```
#define DATATYPE2 char
#define MAXSIZE 100
typedef struct
{   DATATYPE2 BT[MAXSIZE];
    int btnum;
}BTSEQ;
```

6.3.2 链式存储结构

根据二叉树每个结点可能有左、右子树的特点，使用链式存储结构来存储二叉树，二叉树的链式存储结构又叫做二叉链表。二叉链表的每个结点具有三个域，如图 6.9 所示，其中 lchild 是指向该结点左孩子的指针，rchild 是指向该结点右孩子的指针，data 用来存储该结点本身的值。图 6.8(a)所示的二叉树用链式存储结构表示如图 6.10 所示。任何一棵二叉树都可以用二叉链表存储，不论是完全二叉树还是非完全二叉树。

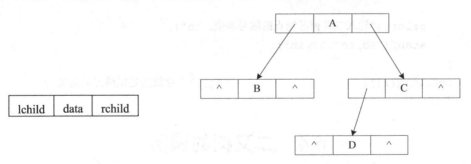

图 6.9　二叉链表中的结点结构　　　图 6.10　二叉链表图示

二叉树的链式存储结构使用 C 语言描述如下：

```
#define DATATYPE2 char
typedef struct node
{   DATATYPE2 data;
    struct node *lchild,*rchild;
}BTLINK;
```

下面给出以二叉链表作为存储结构，构造二叉树的算法，该算法利用二叉树的性质 5。将任意一棵二叉树按照完全二叉树进行编号，然后输入各个结点的编号和数据值，根据输入的结点信息建立新的结点，并根据结点的编号，利用二叉树的性质 5，将该结点链接到二叉树的对应位置上。算法设置一个一维数组 q，用来存储每个结点的地址值，q[i]中存放对应编号为 i 的结点的地址值。

```
BTLINK *createbt()
{   BTLINK *q[MAXSIZE];
    BTLINK *s;
    char n;
    int i,j;
    printf("输入二叉树各结点的编号和值：\n");
    scanf("%d,%c",&i,&n);
    while(i!=0 && n!= '$')
    {   s=(BTLINK *)malloc(sizeof(BTLINK));    /*生成一个结点*/
        s->data=n;
        s->lchild=NULL;
        s->rchild=NULL;
        q[i]=s;
        if(i!=1)                               /*表示不是根结点*/
        {   j=i/2;                             *求 i 的双亲结点的编号*/
            if(i%2==0)                         /*i 为 j 的左孩子*/
                q[j]->lchild=s;
            else                               *i 为 j 的右孩子*/
```

```
            q[j]->rchild=s;
        }
        printf("输入二叉树各结点的编号和值：\n");
        scanf("%d,%c",&I,&n);
    }
    return(q[1]);                    /*q[1]中存放的是根结点的地址*/
}
```

6.4 二叉树的遍历

二叉树的遍历是指按照一定的规则访问二叉树的各个结点，使每个结点都被且只被访问一次。二叉树遍历的实质是将非线性结构的数据线性化的过程，二叉树的遍历是二叉树的一个重要的操作，许多关于二叉树的操作都是基于二叉树的遍历，例如查找二叉树中具有某种特征的结点或对二叉树中的全部结点逐一进行处理等操作。二叉树的遍历根据访问的规则不同，可以分为先序遍历、中序遍历、后序遍历、层次遍历四种访问方式，下面分别加以介绍。

6.4.1 先序遍历

先序遍历二叉树的操作定义为：

若二叉树为空，则退出；否则，

(1) 访问根结点；

(2) 先序遍历左子树；

(3) 先序遍历右子树。

如图 6.11 所示的二叉树，对其进行先序遍历的结果为：A、B、D、E、H、I、C、F、J、G。

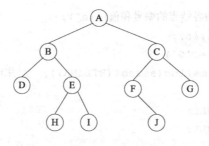

图 6.11 二叉树

先序遍历操作是以递归的形式给出的，其递归算法如下：

```
void preorder(BTLINK *bt)
{   if(bt!=NULL)
    {   printf("%c",bt->data);
```

```
        preorder(bt->lchild);
        preorder(bt->rchild);
    }
}
```

6.4.2 中序遍历

中序遍历二叉树的操作定义为:

若二叉树为空，则退出；否则，

(1) 中序遍历左子树；

(2) 访问根结点；

(3) 中序遍历右子树。

对图 6.11 所示的二叉树进行中序遍历的结果为：D、B、H、E、I、A、F、J、C、G。

中序遍历的递归算法如下：

```
void inorder(BTLINK *bt)
{   if(bt!=NULL)
    {   inorder(bt->lchild);
        printf(" %c",bt->data);
        inorder(bt->rchild);
    }
}
```

6.4.3 后序遍历

后序遍历二叉树的操作定义为:

若二叉树为空，则退出；否则，

(1) 后序遍历左子树；

(2) 后序遍历右子树；

(3) 访问根结点。

对于图 6.11 所示的二叉树进行后序遍历，输出结果为：D、H、I、E、B、J、F、G、C、A。

后序遍历的递归算法如下：

```
void postorder(BTLINK *bt)
{   if(bt!=NULL)
    {   postorder(bt->lchild);
        postorder(bt->rchild);
        printf("%c",bt->data);
    }
}
```

6.4.4 层次遍历

对二叉树的遍历除了采用以上三种遍历方式外，还可以按照层次，从上到下、从左到右依次输出二叉树每层上的各个结点值。对于图 6.11 所示的二叉树按层次遍历的结果为：A、B、C、D、E、F、G、H、I、J。其算法可以借助一个队列作为辅助存储工具，具体算法实现如下：

```c
#define MAXSIZE 100
void level(BTLINK *bt)
{   BTLINK *q[MAXSIZE],*p;
    int front,rear;
    front=0;
    rear=0;                           /*初始化空队列*/
    if(bt!=NULL)
    {   rear=(rear+1)%MAXSIZE;
        q[rear]=bt;                   /*二叉树不空，根结点入队列*/
    }
    while(front!=rear)
    {   front=(front+1)%MAXSIZE;
        p=q[front];
        printf("%4c",p->data);
        if(p->lchild!=NULL)           /*p 的左子树不空，左子树入队列*/
        {   rear=(rear+1)%MAXSIZE;
            q[rear]=p->lchild;
        }
        if(p->rchild!=NULL)           /*p 的右子树不空，右子树入队列*/
        {   rear=(rear+1)%MAXSIZE;
            q[rear]=p->rchild;
        }
    }
}
```

下面给出的主函数的功能是建立一个二叉树并对其进行先序、中序、后序及层次遍历。

```c
#include <stdio.h>
main()
{   BTLINK *bt;
    bt=createbt();
    printf("先序遍历序列为: ");
    preorder(bt);
    printf("\n 中序遍历序列为: ");
    inorder(bt);
    printf("\n 后序遍历序列为: ");
```

```
    postorder(bt);
    printf("\n层次遍历序列为：");
    level(bt);
}
```

6.5 线索二叉树

6.5.1 线索二叉树的概念

6.4 节介绍的关于二叉树的遍历操作是将一个非线性的结构线性化的过程，使每个结点(除第一个和最后一个外)在线性序列中只有一个前驱和后继。对于使用二叉链表存储的二叉树，可以不通过二叉树的遍历操作，直接找到某个结点的前驱和后继，这就要求建立一个线索二叉树。

使用二叉链表存储二叉树时，含有 n 个结点的二叉树中有 n-1 条边指向其左、右孩子，这意味着在二叉链表中的 2n 个指针域中只用到了 n-1 个域，另外的 n+1 个指针域是空的。可以考虑使用这些空的指针域来存储结点的线性直接前驱和直接后继的信息。

我们作如下的规定：若结点有左子树，则让其 lchild 域指向左子树，否则令 lchild 域指向其前驱结点；若结点有右子树，则让其 rchild 域指向右子树，否则令 rchild 域指向其后继结点。为了区分 lchild 是指向左子树还是前驱，rchild 是指向右子树还是后继，设置两个标志 ltag 和 rtag。修改后的二叉链表结点的结构如图 6.12 所示。

图 6.12　二叉链表结点的结构

其中：

$$ltag=\begin{cases}0 & \text{lchild 域指向结点的左子树}\\1 & \text{lchild 域指向结点的前驱}\end{cases}$$

$$rtag=\begin{cases}0 & \text{rchild 域指向结点的右子树}\\2 & \text{rchild 域指向结点的后继}\end{cases}$$

以上这种结点构成的二叉链表作为二叉树的存储结构，叫做线索链表；其中指向结点前驱和后继的指针叫做线索；加上线索的二叉树叫做线索二叉树；对二叉树进行不同的遍历，各个结点的前驱和后继是不同的，由此确定的线索二叉树也是不同的，根据不同的遍历方法，可以构建先序线索二叉树、中序线索二叉树、后序线索二叉树。本节以中序线索二叉树为例，介绍线索二叉树的建立及相关操作。

对于图 6.11 所示的二叉树，构造中序线索二叉树的过程如图 6.13 所示，图中虚线部分就是线索，为了在线索二叉树中表示空树方便，增设一个头结点 HEAD，二叉树中最左结点 D 没有前驱，则令其 lchild 指向头结点，最右结点 G 没有后继，则令其 rchild 指向头结点。规定二叉树 BT 作为头结点 HEAD 的左孩子，HEAD 作为其自身的右孩子。

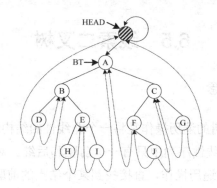

图 6.13　中序线索二叉树

线索二叉树每个结点的类型定义如下：

```
typedef struct thnode
{   DATATYPE2 data;
    struct thnode *lchild,*rchild;
    int ltag,rtag;
}THREADBT;
```

空的线索二叉树表示为：

```
HEAD->lchild=HEAD;HEAD->rchild=HEAD;
HEAD->ltag=1;HEAD->rtag=0;
```

6.5.2　中序线索二叉树的构造算法

下面给出构造中序线索二叉树的算法，该算法是在已经建立的二叉树的基础上，按中序遍历的方式访问各结点时建立线索，最后得到线索二叉树，具体算法使用 C 语言描述如下：

```
THREADBT *pre;              /*定义前驱结点*/
THREADBT *inthrbt(THREADBT *bt)
{   THREADBT *HEAD;
    HEAD=(THREADBT *)malloc(sizeof(THREADBT));/*建立头结点*/
    HEAD->rtag=0;
    HEAD->rchild=HEAD;
    if(bt==NULL)
    {   HEAD->ltag=1;
        HEAD->lchild=HEAD;
    }
```

```
        else
        {   HEAD->ltag=0;
            HEAD->lchild=bt;
            pre=HEAD;  /*给 pre 赋初始值,HEAD 作为中序遍历第一个结点的前驱*/
            inthread(bt);              /*中序线索化*/
            pre->rchild=HEAD;          /*最后一个结点的后继线索指向 HEAD*/
            pre->rtag=1;
        }
        return(HEAD);
    }
    void inthread(THREADBT *p)         /*对结点 p 按照中序遍历进行线索化*/
    {   if(p!=NULL)
        {   inthread(p->lchild);       /*左子树线索化*/
            if(p->lchild==NULL)
            {   p->ltag=1;
                p->lchild=pre;         /*pre 指向当前结点的前驱*/
            }
            if(pre->rchild==NULL)
            {   pre->rtag=1;
                pre->rchild=p;
            }
            pre=p;                     /*修改 pre 的值*/
            inthread(p->rchild);       /*右子树线索化*/
        }
    }
```

6.5.3 线索二叉树的遍历

1. 访问某个结点的后继结点

建立了线索二叉树以后,使得查找某个结点的前驱和后继变得简单起来,下面以中序线索二叉树为例,介绍如何访问某个结点 p 的后继结点。查找某个结点的后继结点可以分两种情况:

(1) p 所指的右子树为空,则 p 的右线索即是 p 的后继结点,例如图 6.13 中查找结点 J 的后继为结点 C。

(2) p 所指的右子树不空,则 p 的后继结点就是 p 的右子树的最左结点,例如图 6.13 中查找结点 B 的后继为结点 H。

访问某个结点的后继结点的 C 语言算法描述如下:

```
THREADBT *innext(THREADBT *p)
{   THREADBT *q;
    q=p->rchild;
```

```
        if(p->rtag==0)
    {    while(q->ltag==0)
              q=q->lchild;
    }
         return(q);
}
```

2. 遍历中序线索二叉树

遍历线索二叉树只要从该线索二叉树的起始结点出发，例如对中序线索二叉树，则从中序遍历该二叉树的第一个结点开始，不断地访问输出各个结点的后继结点，直至二叉树中的所有结点都访问输出为止。下面给出遍历中序线索二叉树的C语言算法。

```
void thrinorder(THREADBT *HEAD)
{    THREADBT *p;
     p=HEAD->lchild;
     if(p!=HEAD)
     {    while(p->ltag==0)
              p=p->lchild;
     }
     while(p!=HEAD)
     {    printf("%4c",p->data);
          p=innext(p);
     }
}
```

上述遍历二叉树的算法简单方便，但是它是以在结点中增加线索为代价的，在实际应用中，是使用普通的二叉链表来存储二叉树，还是使用增加了线索的二叉链表来存储二叉树，要根据具体的问题来确定。

构造中序线索二叉树，首先建立一个不带线索的普通二叉树，然后再对其进行线索化。下面给出使用线索二叉树结点结构存储二叉树，建立普通二叉树的函数：

```
THREADBT *thcreatebt()
/*建立二叉树，二叉树结点结构为THREADBT类型，算法实现与6.3节中建立二叉树的算法
  createbt实现思路相同*/
{    THREADBT *q[MAXSIZE];
     THREADBT *s;
     char n;
     int i,j;
     printf("inputi,x:\n");
     scanf("%d,%c;",&i,&n);
     while(i!=0 && n!='$')
     {    s=(THREADBT *)malloc(sizeof(THREADBT));
          s->data=n;
          s->lchild=NULL;
```

```
            s->rchild=NULL;
            s->ltag=0;        /*与6.3节中createbt相比多了给ltag和rtag赋值的语句*/
            s->rtag=0;
            q[i]=s;
            if(i!=1)
            {   j=i/2;
                if(i%2==0)
                    q[j]->lchild=s;
                else
                    q[j]->rchild=s;
            }
            printf("input i,n:\n");
            scanf("%d,%c;",&i,&n);
        }
        return(q[1]);
}
```

下面主函数的功能是建立中序线索二叉树并遍历该二叉树。

```
main()
{   THREADBT *bt,*threadbt;
    bt=thcreatebt();                /*建立一个二叉树*/
    threadbt=inthrbt(bt);           /*对二叉树进行中序线索化*/
    thrinorder(threadbt);           /*遍历中序线索二叉树*/
}
```

6.6 哈夫曼树及其应用

6.6.1 哈夫曼树的定义

在介绍哈夫曼树之前，首先了解以下几个概念。

树的路径长度：树的根结点到每个结点的路径长度之和。

在树的实际应用中，树的每个结点经常被赋予一个具有某种意义的数值，把这个数值称为该结点的权值，权值与该结点到根结点路长的乘积称为带权路径长度。

树的带权路径长度：树中所有叶结点的带权路径长度之和，记为 WPL=$\sum_{i=1}^{n}w_i l_i$，其中 n 为叶结点的个数，w_i 是结点 i 的权值，l_i 是从根结点到结点 i 的路径长度。

哈夫曼树：又称为最优二叉树，假设有 n 个权值{$w_1,w_2,...,w_n$}，构造一棵有 n 个叶结点的二叉树，每个叶结点 i 带有权值 w_i，则其中 WPL 最小的二叉树称作哈夫曼树。

例如图 6.14 所示三棵二叉树，它们都有 4 个叶结点，都带有权值{3, 4, 6, 9}，它们的 WPL 分别是：

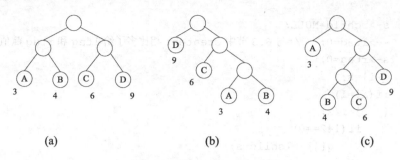

图 6.14 具有不同 WPL 的二叉树

(a) WPL=3×2+4×2+6×2+9×2=44
(b) WPL=9×1+6×2+3×3+4×3=42
(c) WPL=3×1+9×2+4×3+6×3=51

通过计算可知，图 6.14 中(b)的 WPL 值最小，图 6.14(b)即为哈夫曼树，因为结点 A 和结点 B 的位置交换后不影响 WPL 值，所以哈夫曼树不是唯一的。

6.6.2　构造哈夫曼树

如何对已知的 n 个权值构造出一个哈夫曼树呢？下面给出的哈夫曼算法解决了此问题。

哈夫曼算法：

(1) 对于给定的 n 个权值 $w_1, w_2, \cdots, w_n$，使其构成 n 棵二叉树的集合 $T=\{w_1, w_2, \cdots, w_n\}$。

(2) 从 T 中选择出权值最小的两棵二叉树 w_i 和 w_j 作为左、右子树，构成一棵新的二叉树，根结点的权值为 w_i+w_j，将这棵新的二叉树加入 T 中，同时删除 T 中的 w_i 和 w_j。

(3) 重复过程(2)，直到 T 中只有一棵二叉树时为止，这棵二叉树就是所求的最优二叉树。给定权值为{12, 8, 6, 3, 5}，哈夫曼树的生成过程示例如图 6.15 所示。

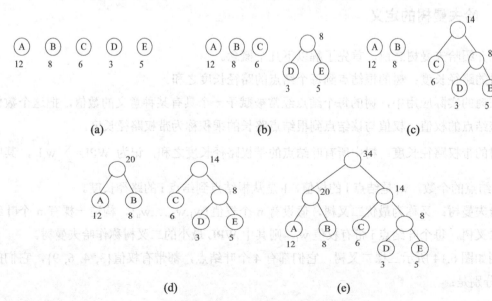

图 6.15　哈夫曼树的生成过程示例

构造哈夫曼树的算法如下：

```c
#include <stdio.h>
#define MAXSIZE 1000
typedef struct hnode
{   int weight;
    struct hnode *lchild,*rchild;
}HuffNode;              /*定义哈夫曼树的结点结构*/
typedef struct
{   int weight;
    HuffNode *link;
}Forest;
HuffNode *HuffmanTree(int n)
{   int m,i,j,count=0;
    Forest data[MAXSIZE];   /*辅助数组data用来寻找最小的两个权值*/
    HuffNode *p,*q,*p1,*p2;
    for(i=1;i<=n;i++)       /*输入n个结点的权值*/
    {   printf("输入结点的权值：");
        scanf("%d",&m);
        p=(HuffNode *)malloc(sizeof(HuffNode));   /*建立结点*/
        p->weight=m;
        p->lchild=NULL;
        p->rchild=NULL;
        data[i].weight=m;
        data[i].link=p;
        count++;            /*记录数组中元素个数*/
    }
    for(i=1;i<count;i++)/*对数组data按权值从小到大排序，冒泡排序*/
        for(j=1;j<=count-i;j++)
            if(data[j].weight>data[j+1].weight)
            {   data[0]=data[j];
                data[j]=data[j+1];
                data[j+1]=data[0];
            }
    while(count>1)
    {   p1=data[1].link;p2=data[2].link;          /*取两个最小的权值*/
        q=(HuffNode *)malloc(sizeof(HuffNode));    /*生成新的结点*/
        q->weight=p1->weight+p2->weight;  /*新结点的权值为两个最小权值的和*/
        q->lchild=p1;q->rchild=p2;
        for(i=3;i<=count;i++)   /*从数组中删除具有最小权值的两个结点*/
            data[i-2]=data[i];
        count=count-2;          /*数组中元素个数减2*/
        i=1;
        while(data[i].weight<=q->weight&&i<=count)i++;
```

```
                /*将新生成的结点插入到数组中,寻找插入位置*/
                for(j=count;j>=i;j--)        /*插入新的结点*/
                    data[j+1]=data[j];
                data[i].weight=q->weight;
                data[i].link=q;
                count++;    /*数组个数加1*/
            }
        return(data[1].link);            /*返回哈夫曼树的根结点地址*/
    }
    void inorder(HuffNode *t)            /*中序遍历哈夫曼树*/
    {   if(t!=NULL)
        {   inorder(t->lchild);
            printf("%d\t",t->weight);
            inorder(t->rchild);
        }
    }
    main()
    {   HuffNode *t;
        int n;
        printf("输入结点个数:");
        scanf("%d",&n);
        t=HuffmanTree(n);
        inorder(t);
    }
```

6.6.3 哈夫曼树的应用

1. 判定问题

在解决某些判定问题时,利用哈夫曼树可以得到最佳判定算法。例如,要编制一个按照学生的成绩给出成绩的字母等级的程序,其中 90 分以上的为 'A',80 到 89 之间的为 'B',70 到 79 之间的为 'C',60 到 69 之间的为 'D',0 到 59 之间的为 'E',如果各分数段的成绩是平均分布的,则采用如图 6.16(a)所示的二叉树进行判定即可实现。但通常情况下,各分数段的成绩并不是平均分布的,假设各分数段的分布如表 6.1 所示。

表 6.1 各分数段成绩分布情况表

分数段	0~59	60~69	70~79	80~89	90~100
比例(%)	5	15	40	30	10

由于成绩分布不均匀,若采用图 6.16(a)所示的二叉树进行判定,可以看出 80%以上的数据需要经过至少三次比较才能得出结果。因此可以利用哈夫曼树来进行判定程序的设计,以比例值作为权值构造哈夫曼树,如图 6.16(b)所示,可以看出大部分数据经过较少次数的

比较就可得出结果，由于图 6.16(b)中每个判定框都有两次比较，将这两次比较分开，得到如图 6.16(c)所示的判定树，按此判定树可写出相应的程序。假设现有 10000 个输入数据，按图 6.16(a)所示的判定过程进行操作，需比较 31500 次，若按图 6.16(c)所示的判定过程进行操作，则仅需比较 22000 次。

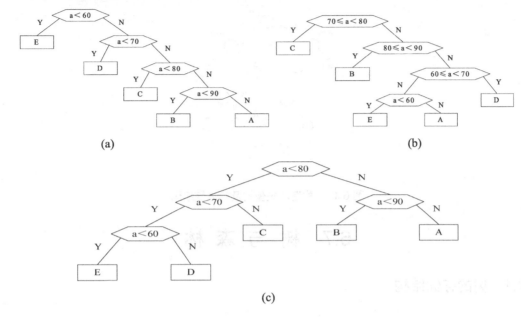

图 6.16　判定过程

2. 哈夫曼编码

哈夫曼的另一个应用就是哈夫曼编码。在通信或数据传输中，通常要给组成信息的字符进行编码，假设全部信息出自于由 8 个字符构成的字符集{A, B, C, D, E, F, G, H}，这 8 个字符可以采用三位二进制对其进行编码，即 000、001、010、011、100、101、110、111，如果传递的信息为 BAD，则对应编码为 001000011，在接收方只要按编码规则进行解码就可以了。但是，在传输数据的过程中，人们总是希望传输的数据长度尽可能的短，如果对字符设计长度不同的编码，且让信息中出现次数较多的字符采用尽可能短的编码，则传送的信息总长便可以减少。另外，在编码之后，信息传递到接收方后，接收方应能保证正确的解码，这就要求在编码的过程中不能产生二义性，也就是在编码的时候，使任意一个字符的编码不会是另外其他任何字符编码的前缀。为了保证上面两个要求的实现，可以统计字符集中每个字符出现的概率，以概率作为权值构造哈夫曼树，并且对于得到的哈夫曼树所有的左分支赋值 '0'，右分支赋值 '1'，从根结点出发，到每个叶结点经过的路径扫描得到的二进制位串就是对应叶结点的编码。

例如，对上述的 8 个字符组成的字符集{A, B, C, D, E, F, G, H}，各字符出现的概率为{0.07, 0.19, 0.02, 0.06, 0.32, 0.03, 0.21, 0.10}，构造哈夫曼树及哈夫曼编码如图 6.17 所示。各字符编码为{1010, 01, 10010, 1000, 11, 10011, 00, 1011}。例如 BAD 的编码为 0110101000。

哈夫曼编码的平均编码长度为 $\sum_{i=1}^{8}w_il_i$ =0.07×4+0.19×2+0.02×5+0.06×4+0.32×2+0.03×5+0.21×2+0.10×4=2.55，而前面用三位二进制编码的平均编码长度为3。由此可见，哈夫曼编码是较好的编码方法。

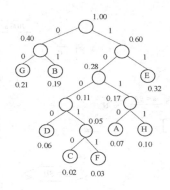

图 6.17 构造哈夫曼树及哈夫曼编码

6.7 树与森林

6.7.1 树的存储结构

1. 双亲表示法

对一棵树 T 中的各结点按层次，从上到下、从左到右的顺序编号，按照编号将其存入一组连续的存储空间，即编号为 i 的结点的值存入下标为 i-1 的单元中，另外，根据树中每个结点 i 都有一个父亲的特点，将其父结点所在单元的下标也存入对应的 i-1 单元中，这样每个单元中存储了两方面的信息，一个是结点的数据信息，另一个就是该结点的父结点的信息。使用 C 语言来描述每个结点的信息如下：

```
typedef struct
{    DATATYPE2 data;
     int parent;
}PTNODE;
```

树的结构描述如下：

```
typedef struct
{    PTNODE nodes[MAXSIZE];
     int nodenum;
}PTTREE;
```

图 6.18(a)所示的树使用双亲表示法存储如图 6.18(b)所示。

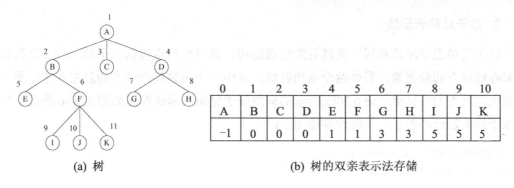

(a) 树　　　　　　　　　　　　　　(b) 树的双亲表示法存储

图 6.18　树的双亲表示法

使用双亲表示法可以很容易地完成求某一结点的双亲结点的操作，但如果要求某一结点的子结点，则较麻烦，需要扫描整个数组才能找到。

2. 孩子表示法

孩子表示法又称为邻接表表示，是将一个结点的所有子结点链接形成一个单链表，树中有若干个结点，因此会形成若干个单链表，将这些单链表的首地址存储在一个一维数组中，同时数组中还存储每个结点的数据值。图 6.18(a)所示树的邻接表表示如图 6.19 所示。树的邻接表表示能够很方便地实现查找某一结点子结点的操作。树使用邻接表表示存储，其结构描述如下：

```
typedef struct node
{   int child;
    struct node *next;
}CHILDLINK;                /*定义子结点形成的单链表中结点的结构*/
typedef struct
{   DATATYPE2 data;
    CHILDLINK *link;
}CTNODE;                   /*定义一维数组中结点的结构*/
typedef CTNODE nodes[MAXSIZE] CTREE;   /*定义树的结构*/
```

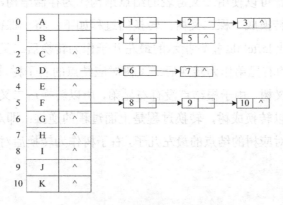

图 6.19　树的邻接表表示法存储

3. 孩子兄弟表示法

孩子兄弟表示法是利用二叉链表的结点结构，即每个结点包括三个域，一个是数据域用来存储结点的数据值，另外两个是指针域，其中一个用来指向结点的最左儿子，另一个用来指向结点的右兄弟。图 6.20(a)所示的树用孩子兄弟表示法存储如图 6.20(b)所示。树使用孩子兄弟表示法表示，其结构描述如下：

```
typedef struct node
{   DATATYPE2 data;
    struct node *leftchild,*rightsibling;
}CSNODE;
typedef CSNODE *T CSTREE;
```

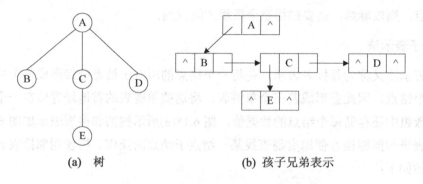

(a) 树　　　　　　　　　　　　(b) 孩子兄弟表示

图 6.20　树的孩子兄弟表示法存储

以上介绍了树的三种存储表示方法，在具体问题中使用哪种表示方法，要根据不同的算法要求选用不同的存储方式。

6.7.2　树、森林与二叉树的转换

1. 树与二叉树的相互转换

由于树和二叉树都可以使用二叉链表的结点结构作为存储结构，则利用树的孩子兄弟表示法可以将一棵树转换成一棵二叉树。转换的过程如下：将一棵树使用孩子兄弟表示法存储，对每个结点，让 leftchild 指针指示的最左儿子作为转换后二叉树对应结点的左子树，rightsibling 指针指示的右兄弟作为转换后二叉树对应结点的右子树。图 6.21 给出了图 6.20(a)所示的树转换后的二叉树。由于根结点没有右兄弟，所以转换后二叉树根结点没有右子树。

同样二叉树也可以转换成树，转换过程是上面过程的逆推：即对二叉树的每个结点，让左子树作为转换后对应树的结点的最左儿子，右子树作为转换后对应树的结点的右兄弟。

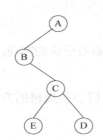

图 6.21 树转换成二叉树

2. 森林与二叉树的相互转换

森林转换成二叉树的过程如下:

(1) 将森林中的每棵树都转换成二叉树。

(2) 让第 n 棵转换后的二叉树作为第 n-1 棵二叉树的右子树,第 n-1 棵二叉树作为第 n-2 棵二叉树的右子树,以此类推,第二棵二叉树作为第一棵二叉树的右子树,直到最后只剩一棵二叉树为止。

森林转换为二叉树的过程如图 6.22 所示。

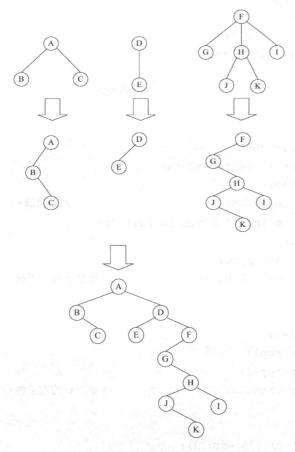

图 6.22 森林转换成二叉树

二叉树转换成森林的过程如下：

(1) 将二叉树从根结点开始，沿着右子树的方向，断开所有的右子树，得到若干棵无右子树的二叉树。

(2) 将这若干棵二叉树按照二叉树转换成树的方法，转换成 n 棵树，即得到对应的森林。

6.8 二叉树的应用

【例 6.1】 二叉树以二叉链表存储，写出对二叉树进行先序遍历的非递归算法。

解题思路：二叉树的先序遍历非递归算法利用栈结构，从二叉树的根结点开始，输出结点信息，同时将结点指针入栈，然后顺着左子树，依次将其左子树各个结点值输出，同时结点指针入栈，直到左子树为空；然后让栈顶指针出栈，接着处理右子树。

算法如下：

```c
#define MAXSIZE 100
#define NULL 0
void preorder1(BTLINK *bt)
{   BTLINK *s[MAXSIZE],*p;
    int top;
    top=0;                              /*初始化空栈*/
    p=bt;
    do
    {   while(p!=NULL)
        {   printf("%4c",p->data);
            top++;
            if(top>MAXSIZE)             /*判断栈满*/
                printf(" Stack is full.");
            else
            {   s[top]=p;
                p=p->lchild;            /*处理 p 的左子树*/
            }
        }
        if(top!=0)
        {   p=s[top];
            top=top-1;
            p=p->rchild;                /*处理 p 的右子树*/
        }
    }
    while((top!=0)||(p!=NULL));
}
```

```
main()
{   BTLINK *bt;
    bt=createbt();        /*调用 6.3 节中建立二叉树的函数*/
    preorder1(bt);
}
```

【例 6.2】已知一棵二叉树的先序遍历序列为 EBADCFHGIKJ，中序遍历序列为 ABCDEFGHIJK。请画出该二叉树。

解题思路：先序遍历序列中第一个结点 E 必是根结点，找到根结点后再到中序遍历序列中确定左、右子树的结点值，结点 E 左边的结点序列是左子树的各个结点，结点 E 右边的结点序列是右子树的各个结点；然后再到先序遍历序列中找左、右子树的根结点，重复上述过程直到得到一棵确定的二叉树。本例所得二叉树如图 6.23 所示。

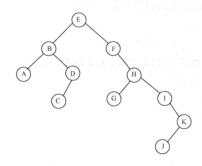

图 6.23　由先序遍历和中序遍历序列确定的二叉树

【例 6.3】某张氏家族的族谱以二叉树来表示，如图 6.24 所示，以二叉链表作为存储结构，编写一算法，在家谱中查找是否有张三这个人。

解题思路：本题就是在一个二叉链表中查找指定的结点 x 的过程。可以利用二叉树的任意一种遍历方法进行查找。这里利用先序遍历方法，首先判断当前结点是否是要查找的结点，如果是，则查找成功，返回结点的地址；如果不是，则分别到它的左子树和右子树中进行查找。

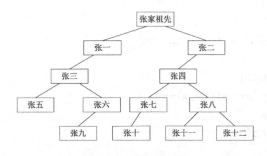

图 6.24　张氏族谱

算法如下：

```
#include "stdio.h"
```

```c
#include "string.h"
#define DATATYPE2 char
#define MAXSIZE 100
typedef struct btnode
{   DATATYPE2 data[10];
    /*修改二叉树结点结构,data域的数据类型为具有10个存储单元的一维数组*/
    struct btnode *lchild,*rchild;
}XBTLINK;
XBTLINK *xcreatebt()
{   XBTLINK *q[MAXSIZE];
    XBTLINK *s;
    char n[10];
    int i,j;
    printf("输入二叉树各结点的编号和值:\n");
    scanf("%d,%s",&i,&n);
    while(i!=0 && strcmp(n,"$")!=0)
    {   s=(XBTLINK *)malloc(sizeof(XBTLINK));
        strcpy(s->data,n);
        s->lchild=NULL;
        s->rchild=NULL;
        q[i]=s;
        if(i!=1)
        {   j=i/2;
            if(i%2==0)
                q[j]->lchild=s;
            else
                q[j]->rchild=s;
        }
        printf("输入二叉树各结点的编号和值:\n");
        scanf("%d,%s",&i,&n);
    }
    return(q[1]);
}
XBTLINK *find(XBTLINK *bt,char *x)
{   XBTLINK *p;
    if(bt!=NULL)
    {   if(strcmp(bt->data,x)==0)
        {   p=bt;
            return(p);
        }
        else
        {   p=find(bt->lchild,x);          /*在左子树中查找*/
            if(p==NULL)
```

```
            p=find(bt->rchild,x);          /*在右子树中查找*/
            return(p);
        }
    }
    else
        return(NULL);
}
main( )
{   XBTLINK *t,*p;
    char x[10]={"张三"};
    t=xcreatebt( );
    p=find(t,x);
    if(p!=NULL)
        printf("find.\n");
    else
        printf("no find.\n");
}
```

本 章 小 结

(1) 树形结构是一种非常重要的非线性结构，本章主要介绍了树形结构的相关基本概念和操作。

(2) 在学习的过程中注意理解树和二叉树是两类不同的树形结构。

(3) 本章涉及的算法较难理解。大部分算法都使用递归的方法来实现，在学习过程中注意递归算法的运行过程。使用非递归方法实现的算法大多使用栈和队列来实现，注意栈和队列的使用。

(4) 二叉树是本章学习的重点内容，二叉树的遍历操作是很多操作的基础，因此要很好的理解二叉树的遍历，并能进行应用。

(5) 建立线索二叉树，可以不需遍历二叉树，直接通过线索得到某个结点的前驱或后继结点。

习　　题

一、填空题

1. 深度为 k 的二叉树共有 2^k-1 个结点，该二叉树为_____二叉树。

2. 二叉树在二叉链表方式下，p 指向二叉树的一个结点，p 结点无右孩子的条件是_____。

3. 每个二叉链表必须有一个指向_____结点的指针，该指针具有标识二叉链表的作用。

4. 有 m 个叶结点的哈夫曼树上结点的数目是_____。

5. 哈夫曼树是带权路径长度_____的树，通常权值较大的结点离根_____。

6. 设一棵二叉树中只有叶子结点和左、右子树都非空的结点，如果叶子结点的个数是 m，则左、右子树都非空的结点个数是_____。

二、选择题

1. 如果结点 A 是结点 B 的双亲，而且结点 B 有 4 个兄弟，则结点 A 的度是( )。
    A. 2   B. 3   C. 4   D. 5

2. 用顺序存储结构将完全二叉树的结点逐层存储在数组 B[n] 中，根结点从 B[1] 开始存放，若结点 B[i] 有子女，则其左孩子的结点应是( )。
    A. B[2i-1]   B. B[2i+1]   C. B[2i]   D. B[i/2]

3. 以二叉链表作为二叉树的存储结构，在具有 n 个结点的二叉链表中(n>0)，空链域的个数为( )。
    A. 2n-1   B. n-1   C. n+1   D. 2n+1

4. 在一棵非空的二叉树的中序遍历序列中，其根结点的右边( )。
    A. 只有右子树上的所有结点   B. 只有左子树上的所有结点
    C. 只有右子树上的部分结点   D. 只有左子树上的部分结点

5. 在如图 6.25 所示的二叉树中，不是完全二叉树的是( )。

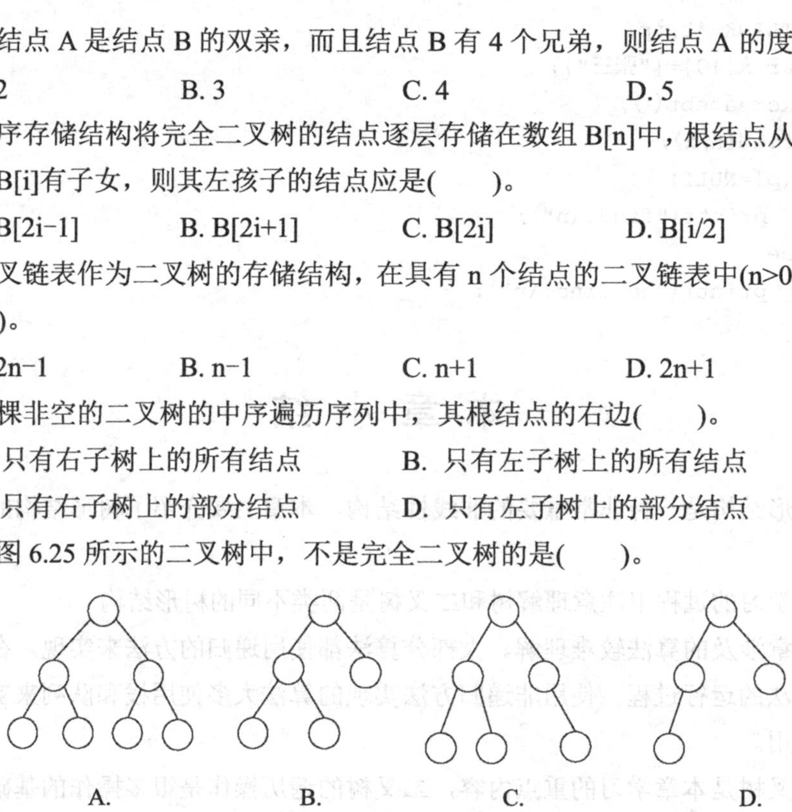

图 6.25 选择题 5 的附图

6. 二叉树以二叉链表存储，若指针 p 指向二叉树的根结点，经过运算 s=p; while(s->rchild)s=s->rchild 后，则( )。
    A. s 指向二叉树的最右下方的结点   B. s 指向二叉树最左下方的结点
    C. s 指向根结点   D. s 为 NULL

三、判断题

1. 二叉树也是树。( )

2. 已知二叉树的先序遍历序列和后序遍历序列，则可以唯一确定一棵二叉树。( )

3. 完全二叉树中，若一个结点没有左孩子，则它必须是叶子。( )

4、在结点数多于 1 的哈夫曼树中没有度为 1 的结点。   (   )

5. 若一个结点是某二叉树先序遍历序列的最后一个结点,则它必是该二叉树中序遍历序列中最后一个结点。   (   )

四、应用题

1. 试分别画出具有 3 个结点的无序树和 3 个结点的二叉树的所有不同形态。

2. 已知一棵度为 k 的树中有 n_1 个度为 1 的结点,n_2 个度为 2 的结点,……,n_k 个度为 k 的结点,试问该树中有多少个叶结点。

3. 找出所有满足下列条件的二叉树:

(1) 先序遍历和中序遍历序列相同。

(2) 后序遍历和中序遍历序列相同。

(3) 先序遍历和后序遍历序列相同。

4. 分别画出图 6.26 所示二叉树的二叉链表和顺序存储结构。

5. 写出对图 6.27 所示二叉树进行先序、中序、后序遍历的结点序列,并画出该二叉树的先序线索二叉树。

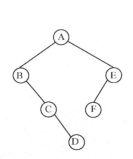

图 6.26 应用题 4 的二叉树

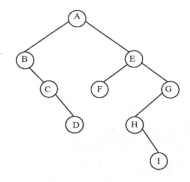

图 6.27 应用题 5 的二叉树

6. 已知一棵二叉树的中序遍历序列为 ABCDEFG,后序遍历序列为 BDCAFGE,写出该二叉树的先序遍历序列。

7. 将图 6.28 所示的森林转换成二叉树。

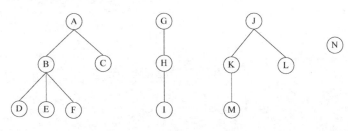

图 6.28 应用题 7 的森林

8. 给定权值 7, 14, 3, 32, 5, 12,构造相应的哈夫曼树。

五、算法设计题

1. 编写一算法求中序线索二叉树中某一结点 p 的前驱结点。
2. 编写一算法交换二叉树中所有结点的左、右子树。

第 7 章　图

学习目标与要求：

本章通过实例引出图的定义，介绍了图的相关术语，以及使用邻接矩阵和邻接链表两种存储方式实现图的存储，并在这两种存储方式下，实现图的相关操作，包括图的遍历、求最小生成树、求最短路径及拓扑排序。通过本章的学习，要求掌握如下主要内容。

- 了解图的定义和相关术语。
- 熟练掌握图的邻接矩阵和邻接链表表示。
- 熟练掌握图的两种遍历方式：深度优先搜索和广度优先搜索。
- 熟练掌握求最小生成树的两种方法：普里姆算法和克鲁斯卡尔算法。
- 熟练掌握求单源最短路径的迪杰斯特拉算法，了解求每对顶点间最短路径的弗洛伊德算法。
- 熟练掌握求拓扑序列的方法。

7.1　图的定义和术语

7.1.1　图的引例

图状结构较树形结构来说是一种更一般的非线性结构，它可以用来表示数据对象之间的任意关系，因此在现实生活中应用也更加广泛。例如在五个城市之间建立通信网络，要求其中任意两个城市之间都有直接或间接的通信线路，已知每两个城市间通信线路的造价，求如何建立满足要求的通信网络并使总造价最低。把每个城市表示成一个结点，每对结点之间的边表示它们之间存在通信线路，边上的数值表示通信线路的造价，得到如图 7.1 所示的图。此问题的求解就是著名的求最小生成树的问题。

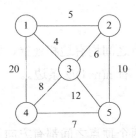

图 7.1　图的引例

7.1.2 图的定义

1. 图

图是由两个集合 V 和 E 组成的，记做 G=(V, E)，其中 V 是顶点的有穷非空集合，E 是边的有穷集合，边是 V 中顶点的偶对，E 可为空。图的示意图如图 7.2 所示。

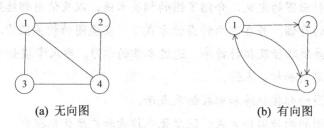

(a) 无向图　　　　　　　　　　(b) 有向图

图 7.2　图的示意图

2. 无向图

在一个图中，如果任意两个顶点构成的偶对是无序的，即顶点之间的连线是没有方向的，则称该图为无向图。无向图的边用圆括号括起的两个相关顶点来表示。如 (v_i, v_j) 表示 v_i 到 v_j 有一条边，显然 (v_i, v_j) 与 (v_j, v_i) 表示的是同一条边，如图 7.2(a) 所示是一个无向图，表示为 G=(V, E)，V={1, 2, 3, 4}，E={(1, 2)，(1, 3)，(1, 4)，(2, 4)，(3, 4)}。

3. 有向图

在一个图中，如果两个顶点所构成的偶对是有序的，即顶点之间的连线是有方向的，则称该图为有向图。有向图中的边也称为弧，弧用尖括号括起来的两个相关顶点来表示。如 $<v_i, v_j>$ 表示从 v_i 到 v_j 有一条弧，v_i 是弧的起点，v_j 是弧的终点，$<v_i, v_j>$ 与 $<v_j, v_i>$ 表示不同的弧，图 7.2(b) 所示的有向图表示为 G=(V, E)，V={1, 2, 3}，E={<1, 2>，<1, 3>，<2, 3>，<3, 1>}。

7.1.3 图的基本术语

1. 无向完全图

在一个无向图中任意两个顶点之间均有边相连接，则称其为无向完全图，显然，在一个含有 n 个顶点的无向完全图中，有 n(n-1)/2 条边。

2. 有向完全图

在一个有向图中，如果任意两个顶点之间都有方向互为相反的两条弧相连接，则称该图为有向完全图。在一个含有 n 个顶点的有向完全图中，有 n(n-1) 条弧。

3. 网

在图的边或弧上赋予一定的数值,这个数值称为权值,它们往往具有一定的意义,把这样的图称为网,无向带权图称为无向网,图 7.1 所示的就是一个无向网。有向带权图称为有向网。

4. 邻接

无向图 G 中,若(v_i, v_j)是图中的边,则称 v_i 和 v_j 互为邻接顶点,而(v_i, v_j)则是与顶点 v_i 和 v_j 相关联的边,或称(v_i, v_j)依附于顶点 v_i 和 v_j。在图 7.2(a)中,1 与 2 互为邻接顶点,(1, 2)是与顶点 1 和 2 相关联的边。

有向图 G 中,若$<v_i, v_j>$是图中的一条弧,则称 v_i 邻接到 v_j 或 v_j 邻接于 v_i,而$<v_i, v_j>$则是和 v_i 与 v_j 相关联的弧,或称$<v_i, v_j>$依附于顶点 v_i 和 v_j。在图 7.2(b)中,顶点 1 邻接到顶点 2,<1, 2>依附于顶点 1 和顶点 2。

5. 顶点的度

无向图中顶点 v_i 的度就是与 v_i 相邻接的顶点的个数,记为 $TD(v_i)$。图 7.2(a)中顶点 1 的度为 3,顶点 3 的度为 2。

有向图中则要区分出度和入度,有向图中顶点 v_i 的出度是以顶点 v_i 为起点的弧的数目,记为 $OD(v_i)$,顶点 v_i 的入度是以顶点 v_i 为终点的弧的数目,记为 $ID(v_i)$,顶点 v_i 的度为出度和入度的和,即 $TD(v_i)= OD(v_i)+ ID(v_i)$。图 7.2(b)中 $OD(1)=2$,$ID(1)=1$,$TD(1)=3$。

可以证明,对于具有 n 个顶点、e 条边的图,顶点 v_i 的度 $TD(v_i)$ 与顶点的个数以及边的数目满足关系:

$$e=\frac{1}{2}\sum_{i=1}^{n}TD(v_i)$$

6. 子图

若图 G=(V, E),G′=(V′, E′),若有 V′是 V 的子集,E′是 E 的子集,则称图 G′是 G 的一个子图。图 7.3 给出了图 7.2 的部分子图。

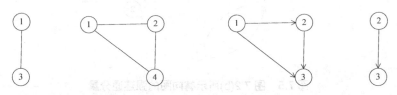

(a) 图 7.2(a)的部分子图　　　　(b) 图 7.2(b)的部分子图

图 7.3　子图示意图

7. 路径、路长、简单路径和回路

无向图 G 中,顶点 v_p 到顶点 v_q 之间存在顶点序列 v_p, v_{i1}, v_{i2}, …, v_{im}, v_q,使(v_p, v_{i1}),

(v_{i1}, v_{i2}), …, (v_{im}, v_q)是图中的边,则 v_p 到 v_q 有一条路径。

有向图 G 中,顶点 v_p 到顶点 v_q 之间存在顶点序列 $v_p, v_{i1}, v_{i2}, …, v_{im}, v_q$,使<$v_p, v_{i1}$>,<$v_{i1}, v_{i2}$>,…,<$v_{im}, v_q$>是图中的弧,则 v_p 到 v_q 有一条路径。

路径上边或弧的数目称为路长。

v_p 到 v_q 之间有一条路径,除了 v_p 和 v_q 之外,其余顶点均不相同,这样的路径称为简单路径。

第一个顶点和最后一个顶点相同的路径称为回路。

图 7.2(a)中(1, 2, 4)是一条路径,并且是简单路径,路长是 2,图 7.2(b)中(1, 2, 3, 1)是一条路径,是一个回路,路长是 3。

8. 连通、连通图、连通分量

无向图 G 中,顶点 x 到 y 有路径存在,则称 x 和 y 是连通的。如果无向图中任意两个顶点都是连通的,则称其为连通图。无向图的极大连通子图称为连通分量。图 7.2(a)是连通图。图 7.4(a)是非连通图,图 7.4(b)是它的两个连通分量。

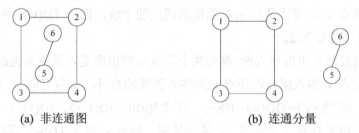

(a) 非连通图　　　　　　　　　(b) 连通分量

图 7.4　非连通图及其连通分量示例

9. 强连通图和强连通分量

有向图中,如果顶点 x 到 y 有路径存在,顶点 y 到 x 也有路径存在,则称 x 和 y 是强连通的。如果有向图中任意两点之间都是强连通的,则称其为强连通图。有向图的极大强连通子图称为强连通分量。图 7.2(b)不是强连通图,它有两个强连通分量,如图 7.5 所示。

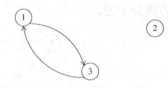

图 7.5　图 7.2(b)所示有向图的强连通分量

10. 生成树和生成森林

连通图 G 的生成树,是 G 的包含全部 n 个顶点的一个极小连通子图。它必定包含且仅包含 G 的 n-1 条边。图 7.6 是图 7.2(a)的生成树之一。在生成树中添加任意一条属于原图中的边必定会产生回路,因为新添加的边使其所依附的两个顶点之间有了第二条路径。若生成树中减少任意一条边，则必然成为非连通的。

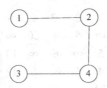

图 7.6　图 7.2(a)所示连通图的一个生成树

在非连通图中，由每个连通分量都可得到一个极小连通子图，即一棵生成树。这些连通分量的生成树就组成了一个非连通图的生成森林。

7.2　图的存储结构

由于图的结构比较复杂，具体采用什么存储方式，要依据具体的操作。从图的定义可知，无论采用什么存储方式，都要能够描述图的顶点信息和边或弧的信息。下面介绍两种常用的图的存储结构。

7.2.1　邻接矩阵

设 G=(V, E)是一个具有 n 个顶点的图(n≥1)，则 G 的邻接矩阵是表示顶点之间邻接关系的 n 阶方阵。该 n 阶方阵具有如下性质：

$$A[i][j]=\begin{cases}1 & 若(v_i, v_j)或<v_i, v_j>\in E\\ 0 & 若(v_i, v_j)或<v_i, v_j>\notin E\end{cases}$$

图 7.2(a)和 7.2(b)所示图的邻接矩阵如图 7.7(a)和图 7.7(b)所示。

$$\begin{array}{c}\,1\,\,2\,\,3\,\,4\\\begin{array}{c}1\\2\\3\\4\end{array}\!\!\left(\begin{array}{cccc}0 & 1 & 1 & 1\\1 & 0 & 0 & 1\\1 & 0 & 0 & 1\\1 & 1 & 1 & 0\end{array}\right)\end{array}\qquad\begin{array}{c}\,1\,\,2\,\,3\\\begin{array}{c}1\\2\\3\end{array}\!\!\left(\begin{array}{ccc}0 & 1 & 1\\0 & 0 & 1\\1 & 0 & 0\end{array}\right)\end{array}$$

(a) 图 7.2(a)无向图的邻接矩阵　　(b) 图 7.2(b)有向图的邻接矩阵

图 7.7　邻接矩阵示意图

若 G 是网，则对应的 n 阶方阵具有如下性质：

$$A[i][j]=\begin{cases}w_{ij} & 若(v_i, v_j)或<v_i, v_j>\in E\\ \infty & 若(v_i, v_j)或<v_i, v_j>\notin E\end{cases}$$

其中，w_{ij} 表示边(v_i, v_j)或<v_i, v_j>上的权值；∞表示一个计算机允许的、大于所有边上权值的数。图 7.1 所示无向网用邻接矩阵表示如图 7.8 所示。

$$\begin{array}{c} & \begin{array}{cccc} 1 & 2 & 3 & 4 & 5 \end{array} \\ \begin{array}{c}1\\2\\3\\4\\5\end{array} & \left(\begin{array}{ccccc} \infty & 5 & 4 & 20 & \infty \\ 5 & \infty & 6 & \infty & 10 \\ 4 & 6 & \infty & 8 & 12 \\ 20 & \infty & 8 & \infty & 7 \\ \infty & 10 & 12 & 7 & \infty \end{array} \right) \end{array}$$

图 7.8 图 7.1 所示网的邻接矩阵

我们使用邻接矩阵存储边的信息，使用一维数组存储顶点的信息，另外，为了方便图的存储，还需使用两个整数类型的变量分别存储顶点和边的数目。图的邻接矩阵表示使用 C 语言描述如下：

```
#define VEXTYPE int                    /*顶点的类型设为整型*/
#define ADJTYPE int                    /*边的类型设为整型*/
#define MAXSIZE 100                    /*数组最多存储单元为100*/
typedef struct
{   VEXTYPE vexs[MAXSIZE];             /*一维数组存储顶点的信息*/
    ADJTYPE arcs[MAXSIZE][MAXSIZE];    /*二维数组存储邻接矩阵*/
    int vexnum,arcnum;                 /*顶点和边的数目*/
}MGRAPH;                               /*MGRAPH 是以邻接矩阵存储的图的类型*/
```

下面给出使用邻接矩阵作为存储结构建立无向图的算法：

```
void create_graph(MGRAPH *g)
{   int i,j,k;
    printf("输入顶点数和边数：");
    scanf("%d,%d",&i,&j);
    g->vexnum=i;
    g->arcnum=j;
    for(i=1;i<=g->vexnum;i++)           /*0 单元空出不存储顶点的信息*/
    {   printf("第%d 个顶点的信息：",i);
        scanf("%d",&g->vexs[i]);
    }
    for(i=1;i<=g->vexnum;i++)           /*初始化邻接矩阵*/
        for(j=1;j<=g->vexnum;j++)
            g->arcs[i][j]=0;
    for(k=1;k<=g->arcnum;k++)
    {   printf("输入第%d 条边的起点和终点的编号：",k);
        scanf("%d,%d",&i,&j);
        while(i<1||i>g->vexnum||j<1||j>g->vexnum)
        {   printf("编号超出范围，请重新输入!");
            scanf("%d,%d",&i,&j);
```

```
            }
            g->arcs[i][j]=1;
            g->arcs[j][i]=1;
        }
    }
}
main()
{   MGRAPH graph,*g;
    int i,j;
    g=&graph;
    create_graph(g);
    for(i=1;i<=g->vexnum;i++)                /*输出顶点信息*/
        printf("%d",g->vexs[i]);
    printf("\n");
    for(i=1;i<=g->vexnum;i++)                /*输出邻接矩阵*/
    {   for(j=1;j<=g->vexnum;j++)
            printf("%d",g->arcs[i][j]);
        printf("\n");
    }
}
```

从图的邻接矩阵存储方法很容易看出这种表示具有以下特点：

(1) 无向图的邻接矩阵一定是对称的，而有向图的邻接矩阵不一定对称。因此，用邻接矩阵来表示一个具有 n 个顶点的有向图时需要 n^2 个存储单元来存储邻接矩阵；对有 n 个顶点的无向图则只需存入上(下)三角形，故只需 n(n+1)/2 个存储单元。

(2) 对于无向图(或无向网)，邻接矩阵的第 i 行(或第 i 列)非零元素(或非∞元素)的个数正好是第 i 个顶点的度 $TD(v_i)$。对于有向图(或有向网)，邻接矩阵的第 i 行(或第 i 列)非零元素(或非∞元素)的个数正好是第 i 个顶点的出度 $OD(v_i)$(或入度 $ID(v_i)$)。

(3) 用邻接矩阵方法存储图，很容易确定图中任意两个顶点之间是否有边相连。但如果要确定图中有多少条边，则必须按行、按列对每个元素进行检测，所花费的时间代价很大，这是用邻接矩阵存储图的局限性。

7.2.2 邻接链表

邻接链表是图的一种顺序存储与链式存储结合的存储方法。对于图 G，使用链表结构存储边的信息，链表的构成是将所有邻接于顶点 v_i 的顶点连成一个单链表，这个单链表就称为顶点 v_i 的邻接链表，邻接链表的每个结点包含两部分信息：邻接顶点的信息 adjvex 和指向下一个邻接顶点的指针 next，如果是网的话，结点中还要包括边的权值信息 data。另外，使用一个一维数组来存储顶点的信息，数组元素由两部分构成：顶点的信息 vertex 和指向邻接链表的指针 link。邻接链表的结点结构和数组的结点结构如图 7.9(a)和图 7.9(b)所示，邻接链表表示网，其结点结构如图 7.10 所示。

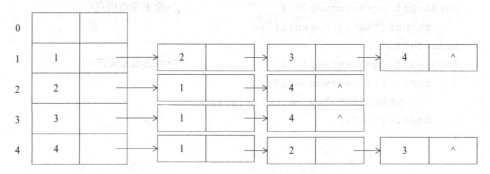

(a) 邻接链表结点结构　　　　(b) 数组元素结点结构

图 7.9　邻接链表表示图的结点结构

| adjvex | data | next |

图 7.10　网的邻接链表结点结构

图 7.2(a)和图 7.2(b)所示图的邻接链表表示如图 7.11(a)和图 7.11(b)所示。

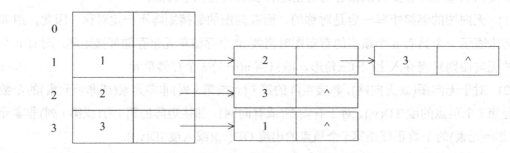

(a) 图 7.2(a)所示无向图的邻接链表

(b) 图 7.2(b)所示有向图的邻接链表

图 7.11　邻接链表示意图

图的邻接链表表示使用 C 语言描述如下：

```
#define MAXSIZE 100        /*最大顶点数为100*/
#define VEXTYPE int        /*顶点类型设为整型*/
typedef struct adjnode
{   VEXTYPE adjvex;
    struct adjnode *next;
}ADJNODE;                  /*定义邻接链表结点*/
typedef struct
{   VEXTYPE vertex;
    ADJNODE *link;
}VEXNODE;                  /*定义数组结点结构*/
```

```
typedef struct
{   VEXNODE adjlist[MAXSIZE];
    int vexnum,arcnum;
}ADJGRAPH;
```

下面给出使用邻接链表存储建立有向图的算法：

```
void create_adjgraph(ADJGRAPH *g)
{   int i,j,k;
    ADJNODE *p;
    printf("输入顶点数和边数：");
    scanf("%d,%d",&i,&j);
    g->vexnum=i;
    g->arcnum=j;
    for(i=1;i<=g->vexnum;i++)
    {   printf("请输入顶点的信息：");
        scanf("%d",&g->adjlist[i].vertex);
        g->adjlist[i].link=NULL;
    }
    for(i=1;i<=g->arcnum;i++)
    {   printf("请输入第%d条边的起点和终点：");
        scanf("%d,%d",&j,&k);
        while(j<1||j>g->vexnum||k<1||k>g->vexnum)
        {   printf("编号超出范围，请重新输入!");
            scanf("%d,%d",&i,&j);
        }
        p=(ADJNODE *)malloc(sizeof(ADJNODE));
        p->adjvex=k;
        p->next=g->adjlist[j].link;
        g->adjlist[j].link=p;
    }
}
main()
{   ADJGRAPH graph,*g;
    int i;
    ADJNODE *p;
    g=&graph;
    create_adjgraph(g);
    for(i=1;i<=g->vexnum;i++)            /*输出邻接链表*/
    {   p=g->adjlist[i].link;
        if(p!=NULL)
        {   printf("%3d|",g->adjlist[i].vertex);
            while(p!=NULL)
            {   printf("->");
```

```
                printf("%5d",p->adjvex);
                p=p->next;
            }
            printf("^\n");
        }
        else
            printf("%3d|^\n",g->adjlist[i].vertex);
    }
}
```

一个图的邻接矩阵表示是唯一的,但其邻接链表表示是不唯一的。这是因为邻接链表表示中,各个表结点的链接次序取决于建立邻接链表的算法和输入次序。

邻接链表存储图具有如下特点:

(1) 无向图中,第 i 个链表中的表结点数是顶点 v_i 的度;有向图中,第 i 个链表中的表结点数是顶点 v_i 的出度。

(2) 若无向图有 n 个顶点、e 条边,则邻接链表需 n 个存储单元和 2e 个表结点。有向图存储 n 个顶点 e 条边,需要 n 个存储单元和 e 个表结点。对于边很少的图,用邻接链表比用邻接矩阵要节省存储单元。

(3) 在邻接链表中,要确定两个顶点 v_i 和 v_j 之间是否有边或弧相连,需要遍历第 i 个或第 j 个单链表,不像邻接矩阵那样能方便地对顶点进行随机访问。

7.3 图的遍历

图的遍历是对具有图状结构的数据线性化的过程。从图中任一顶点出发,访问输出图中各个顶点,并且使每个顶点仅被访问一次,这样得到顶点的一个线性序列,这一过程叫做图的遍历。图的遍历是个很重要的算法,图的连通性和拓扑排序等算法都是以图的遍历算法为基础的。下面分别介绍图的两种遍历方法:深度优先搜索和广度优先搜索,这两种方法既适用于无向图也适用于有向图。

7.3.1 深度优先搜索

深度优先搜索(Depth First Search,DFS)遍历类似于二叉树的先序遍历,其基本思想是:初始时将图中所有顶点标记为未被访问过,从图中某个顶点 v 出发,访问输出该顶点,并将其标记为已访问,然后任选一个与 v 邻接且未被访问的顶点 w 访问输出并标记,再从与 w 邻接且未被访问的顶点 z 出发,进行深度优先搜索,重复这一过程,若到达某顶点不存在未被访问过的邻接顶点时,则一直退回到最近被访问过的且存在未被访问过邻接顶点的那个顶点再进行深度优先搜索,直至所有与 v 有路径相通的顶点都被访问到,若此时图中仍有未被访问的顶点,则另选一个未被访问的顶点,开始再做深度优先搜索。可以看出,深度优先搜索是个递归的过程，其特点是尽可能向纵深方向进行搜索。

下面以邻接链表作为存储结构来说明深度优先搜索的过程。对于图 7.12 所示的有向图其对应的邻接链表如图 7.13 所示，假设从顶点 1 开始进行深度优先搜索，输出顶点 1，与 1 邻接的顶点 2 未被访问，所以输出顶点 2，与 2 邻接的顶点有 4 和 3，且都未被访问，按邻接链表存储的顺序选择 4 输出，与 4 邻接的 3 和 1，3 未被访问，则将 3 输出，与 3 邻接的是顶点 1，1 已经被访问输出，则回退至 4，与 4 邻接的顶点都被访问过了，则回退至 2，与 2 邻接的顶点也都被访问过了，则回退至 1，至此，与顶点 1 有路径相通的所有顶点都被访问输出了，而此时图中仍有未被访问的顶点 5、6、7，按顺序选择 5 开始再进行深度优先搜索，输出顶点 5，与 5 邻接的有 7 和 6，按邻接链表的顺序选择 7 输出，与 7 邻接的有 6 和 4，按顺序选择 6 输出，与 6 邻接的有 4 和 2，它们已经被访问过了，则回退至 7，与 7 邻接的顶点也都被访问过了，则回退至 5，与 5 邻接的所有顶点也都被访问过了，至此该有向图中所有顶点都被访问且只被访问了一次，完成深度优先搜索的全过程，得到的线性序列为 1, 2, 4, 3, 5, 7, 6。

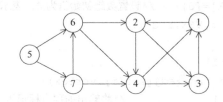

图 7.12　一个有向图

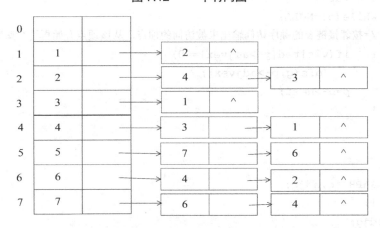

图 7.13　图 7.12 所示有向图的邻接链表表示

由于建立邻接链表时输入边的顺序不同，可以得到不同的邻接链表，因此使用不同的邻接链表进行深度优先搜索，可以得到不同的顶点序列。

深度优先生成树或森林：由图中的全部顶点和深度优先搜索所经过的边即构成了深度优先生成树或森林。通过深度优先搜索可以判断图的连通性问题，如果无向图是连通图，则进行深度优先搜索会得到一棵生成树，若图是非连通图，则会得到深度优先生成森林，森林中树的个数即是非连通图的连通分量的个数。反之亦然,即对无向图进行深度优先搜索得到深度优先生成森林,则该图是非连通的,如果得到深度优先生成树,则该图是连通图。对于有向图判断连通性的问题则较复杂,这里不再详述。对图 7.12 所示有向图进行深度优先搜索得到的生成森林如图 7.14 所示。

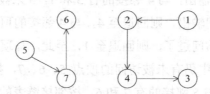

图 7.14 深度优先搜索生成森林

下面以邻接链表作为图的存储结构给出深度优先搜索的具体算法。为了在遍历过程中便于区分顶点是否已被访问,定义访问标志数组 visited[MAXSIZE],其初值为 0,一旦某个顶点被访问,则其相应的值置为 1。

```
int visited[MAXSIZE]={0};    /*设置数组初始值为0,表示所有顶点均未被访问*/
void dfs(ADJGRAPH *g,VEXTYPE i)
{   ADJNODE *p;
    if(visited[i]!=1)
    {   printf("%4d ",g->adjlist[i].vertex);
        visited[i]=1;            /*将输出的顶点标记为1,表示已访问过*/
        p=g->adjlist[i].link;
        while(p!=NULL)
        /*按邻接链表的顺序访问输出未被访问的顶点,从该顶点开始再进行深度优先搜索*/
        {   if(visited[p->adjvex]==0)
                dfs(g,p->adjvex);
            p=p->next;
        }
    }
}
main()
{   ADJGRAPH *g,adjg;
    int i;
    g=&adjg;
    create_adjgraph(g);
    for(i=1;i<=g->vexnum;i++)
        dfs(g,i);
}
```

分析上述算法,在遍历时,对图中每个顶点至多调用一次 DFS 函数,因为一旦某个顶点被标志成已被访问,就不再从它出发进行搜索。因此,遍历图的过程实质上是对每个顶点查找其邻接顶点的过程。其耗费的时间则取决于所采用的存储结构。当用邻接矩阵存储图时，查找每个顶点的邻接顶点所需时间为 $O(n^2)$，其中 n 为图中顶点数。而当以邻接链表作为图的存储结构时，找邻接顶点所需时间为 $O(e)$，其中 e 为无向图中边的数目或有向图中弧的数目。由此，当以邻接链表作为存储结构时，深度优先搜索遍历图的时间复杂度为 $O(n+e)$。

7.3.2 广度优先搜索

广度优先搜索(Breadth First Search，BFS)类似于二叉树的层次遍历。其基本思想是：初始时将图中所有顶点标记为未被访问过，从图中某个顶点 v 出发，访问输出该顶点，并将该顶点标记为已访问，然后依次访问输出与 v 邻接的未被访问的所有顶点，并标记为已访问，再分别从这些邻接点出发进行广度优先搜索，直至图中所有已被访问的顶点的邻接顶点都被访问到。若此时图中仍有未被访问的顶点，则另选一个未被访问的顶点，开始再做广度优先搜索。可以看出，广度优先搜索也是个递归的过程。

下面仍以图 7.12 所示有向图为例，说明广度优先搜索的过程，其存储结构为图 7.13 所示的邻接链表。假设从顶点 1 开始进行搜索，输出顶点 1，并将其标记为已输出，与 1 邻接的顶点是 2，且 2 未被访问过，将 2 输出并标记，与 2 邻接的顶点有 4 和 3，且未被访问，将 4 和 3 输出并标记，与 4 邻接的顶点 3 和 1 都已经输出，则再看与 3 邻接的顶点是 1，也已被访问过，至此从顶点 1 开始进行广度优先搜索所能到达的顶点都已输出，此时图中仍有顶点未被输出，则选择顶点 5 输出并标记，与 5 邻接的是 7 和 6，将 7 和 6 输出并标记，与 7 邻接的顶点 6 和 4 都已输出，再看与 6 邻接的顶点 4 和 2 也已输出，至此从顶点 5 开始进行广度优先搜索所能达到的顶点都已输出，并且图中所有顶点都已经输出，则广度优先搜索过程结束得到的线性序列为 1, 2, 4, 3, 5, 7, 6。

广度优先生成树或森林：由图中全部顶点和对其进行广度优先搜索所经过的边即构成了广度优先生成树或森林。对图 7.12 所示有向图进行广度优先搜索得到的生成森林如图 7.15 所示。同深度优先搜索一样，也可以通过广度优先搜索得到生成树或生成森林来判断无向图的连通性。

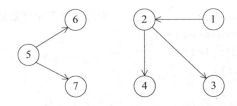

图 7.15 广度优先搜索生成森林

下面以邻接链表作为存储结构，给出广度优先搜索的算法。仍然定义访问标志数组 visited[MAXSIZE]，其初值为 0，一旦某个顶点被访问，则其相应的值置为 1，另外根据广度优先搜索的过程，先被访问的顶点其未被访问的邻接顶点也先访问输出，符合"先进先出"的原则，因此定义一个队列，存储被访问过的顶点，因为关于队列的基本操作在第 3 章已经给出，这里直接使用第 3 章关于循环队列的基本操作，将循环队列的定义及基本操作写在一个叫做"seqqueue.h"的头文件中。

```c
#include <stdio.h>
#include <seqqueue.h>
int visited[MAXSIZE]={0};
void bfs(ADJGRAPH *g,int i)           /*从顶点i开始进行广度优先搜索*/
{   ADJNODE *p;
    SEQQUEUE *q,queue;
    int v;
    q=&queue;
    Init_Queue(q);                    /*初始化队列*/
    visited[i]=1;
    printf("%4d",g->adjlist[i].vertex);
    Add_Queue(q,i);                   /*将顶点i加入队列*/
    while(!Queue_Empty(q))
    {   v=Gethead_Queue(q);           /*取队头元素*/
        Del_Queue(q);                 /*删除队头元素*/
        p=g->adjlist[v].link;
        while(p!=NULL)
        {   if(visited[p->adjvex]==0)
            {   visited[p->adjvex]=1;
                printf("%4d",g->adjlist[p->adjvex].vertex);
                Add_Queue(q,p->adjvex);
            }
            p=p->next;
        }
    }
}
main()
{   ADJGRAPH *g,adjg;
    int i;
    g=&adjg;
    create_adjgraph(g);               /*调用7.2节中建立邻接链表的算法*/
    for(i=1;i<=g->vexnum;i++)
        if(visited[i]!=1)
            bfs(g,i);
}
```

分析上述算法，每个顶点至多进一次队列。遍历图的过程实质是通过边或弧找邻接顶点的过程，因此广度优先搜索遍历图的时间复杂度和深度优先搜索遍历相同，两者不同之处仅仅在于对顶点访问的顺序不同。

7.4 最小生成树

由图的遍历可知，对无向连通图进行深度优先搜索或广度优先搜索可以得到深度优先生成树或广度优先生成树，遍历时选择不同的顶点输出，可以得到不同的生成树。可以证明，对于有 n 个顶点的无向连通图，无论其生成树的形态如何，所有生成树中都有且仅有 n-1 条边。对于无向连通网，它的所有生成树中必有一棵边的权值总和最小的生成树，我们称这棵生成树为最小生成树。

关于最小生成树的实际应用，在本章开始图的引例中已经给出其具体应用，即在 n 个城市之间建立通信网络并使总造价最低。

构造最小生成树可以有多种算法，其中多数算法利用了最小生成树的下述性质：设 G=(V, E)是一个连通图，在 E 上定义一个权函数，U 是顶点集 V 的一个非空子集，如果(u, v)是一条具有最小权值的边，其中 u∈U，v∈V–U，则必存在一棵包含边(u, v)的最小生成树。可以用反证法证明，这里不再赘述。

下面介绍两种常用的构造最小生成树的方法。

7.4.1 普里姆(Prim)算法

基本思想：假设 G=(V, E)是连通网，T=(U, TE)为欲构造的最小生成树。

(1) 初始时令 U={1}(即构造最小生成树时，从顶点 1 出发)，TE=Φ。

(2) 从所有 u∈U，v∈V–U 的边中，选取具有最小权值的边(u, v)，将顶点 v 加入集合 U 中，将边(u, v)加入集合 TE 中。

(3) 重复(2)，直到 U=V 为止。

图 7.16(a)所示的是一个无向连通网，按照 Prim 算法，从顶点 1 出发，该网的最小生成树的产生过程如图 7.16(b)～图 7.16(e)所示。

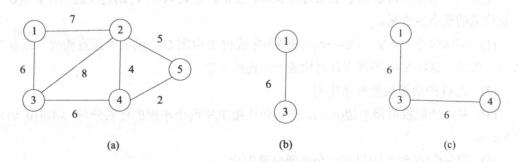

图 7.16 Prim 算法构造最小生成树的过程

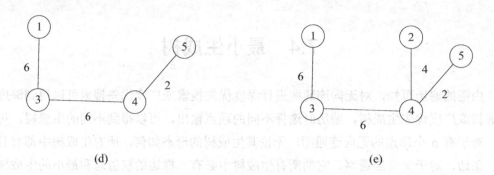

图 7.16 Prim 算法构造最小生成树的过程(续)

对图 7.16(a)所示的无向连通网使用 Prim 算法求最小生成树：

(1) 初始时 U={1}，TE=Φ，V-U={2, 3, 4, 5}。

(2) 在所有和 1 相关联的边中(1, 3)的权值 6 最小，且 3∈V-U，因此将顶点 3 加入到 U 中，边(1,3)加入 TE 中，此时 U={1, 3}，TE={(1, 3)}，如图 7.16(b)所示，V-U={2, 4, 5}。

(3) 在与顶点 1 和 3 相关联的边中(3, 4)的权值 6 最小，且 4∈V-U，因此将顶点 4 加入到 U 中，边(3,4)加入 TE 中，此时 U={1, 3, 4}，TE={(1, 3)，(3, 4)}，如图 7.16(c)所示，V-U={2, 5}。

(4) 在与顶点 1、3、4 相关联的边中权值最小的边是(4, 5)，且 5∈V-U，因此将顶点 5 加入到 U 中，边(4, 5)加入 TE 中，此时 U={1, 3, 4, 5}，TE={(1, 3)，(3, 4)，(4, 5)}，如图 7.16(d)所示，V-U={2}。

(5) 在与顶点 1、3、4、5 相关联的边中(4, 2)权值最小，且 2∈V-U，因此将 2 加入 U，边(4, 2)加入 TE 中，此时 U={1, 2, 3, 4, 5}，TE={(1, 3)，(3, 4)，(4, 5)，(4, 2)}，如图 7.16(e)所示，此时 U=V，完成求最小生成树的全过程。

7.4.2 克鲁斯卡尔(Kruskal)算法

克鲁斯卡尔算法构造最小生成树的基本思想是：假设 G＝(V, E)是连通网，T＝(U, TE)为欲构造的最小生成树。

(1) 初始时令 U＝V，TE＝Φ，即最小生成树 T 由图 G 中的 n 个顶点构成，顶点之间没有一条边，这样 T 中各顶点各自构成一个连通分量。

(2) 把 G 的边按权值升序排列。

(3) 从中选取权值最小边(u, v)，若(u, v)连接 T 中两个不同的连通分量，则将(u, v)并入 T 中。

(4) 重复(3)直到 T 中只有一个连通分量为止。

对于图 7.16(a)所示无向连通网，按照克鲁斯卡尔算法构造最小生成树的过程如图 7.17(a)～图 7.17(e)所示。

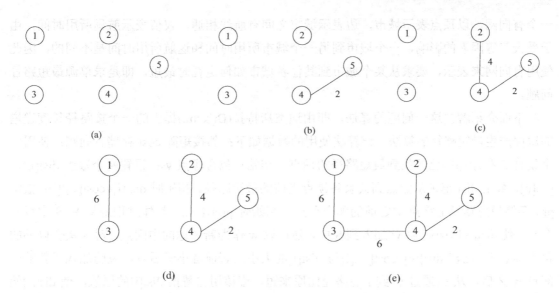

图 7.17 Kruskal 算法构造最小生成树的过程

对图 7.16(a)所示的无向连通网使用 Kruskal 算法求最小生成树：

(1) 初始时 U={1, 2, 3, 4, 5}，TE=Φ，如图 7.17(a)所示。

(2) 将网中所有边按权值大小排序，即(4, 5)，(2, 4)，(2, 5)，(1, 3)，(3, 4)，(1, 2)，(2, 3)。

(3) 取排序序列中第一条边(4, 5)，它连通了 T 中两个不同的分量，因此将其加入 TE，即 TE={(4, 5)}，如图 7.17(b)所示。

(4) 顺序向后取排序序列的第二条边(2, 4)，它也连通了 T 中两个不同的分量，将其加入 TE，即 TE={(4, 5), (2, 4)}，如图 7.17(c)所示。

(5) 取排序序列的第三条边(2, 5)，它不能连通 T 中不同的两个分量，因此，不将其加入 TE。

(6) 取排序序列的第四条边(1, 3)，它连通了 T 中两个不同分量，将其加入 TE，即 TE={(4, 5), (2, 4), (1, 3)}，如图 7.17(d)所示。

(7) 取排序序列的第五条边(3, 4)，它能连通 T 中不同的两个分量，因此将其加入 TE，即 TE={(4, 5), (2, 4), (1, 3), (3, 4)}，如图 7.17(e)所示，至此 T 中只有一个连通分量，完成最小生成树的构造过程。

7.5 最短路径

7.5.1 单源最短路径

单源最短路径是指在有向网中，以某个顶点 v_0 作为源点，从 v_0 出发，到其余各个顶点的最短路径。

单源最短路径也是图的一项重要应用。例如 n 个城市之间的航空线路图，可以表示成一个有向网，以顶点表示城市，边表示城市之间有航线相通，权值表示航程所用时间，由于受天气等因素的影响，一个城市到另一个城市所用时间和返航所用时间是不同的，因此使用有向网来表示，要求从某个城市到其他各城市如何走耗时最短，即是求单源最短路径问题。

下面介绍解决这一问题的算法，即由迪杰斯特拉(Dijkstra)提出的一个按路径长度递增的次序产生最短路径的算法。该算法使用的数据如下：邻接矩阵 cost 存储有向网；使用一个集合 S 存储那些已经找到最短路径的顶点，初始只包含源点 v_0；设置两个数组 dist[n]、pre[n]，数组 dist 记录从源点到其余各顶点当前的最短路径，初始时 dist[i]=cost[v_0][i]；数组 pre 存储最短路径上终点 v 之前的那个顶点，初始时 pre[i]=v_0；具体过程是从 V-S 中找一个 w，使 dist[w]最小，将 w 加入到 S 中，然后以 w 作为新考虑的中间点，对 S 集合以外的每个顶点 i，比较 dist[w]+cost[w][i]与 dist[i]的大小，若前者小于后者，表明加入了新的中间点 w 之后，从 v_0 通过 w 到 i 的路径比原来短，应该用它替换 dist[i]的原值，使 dist[i]始终保持目前为止最短的路径，若 dist[w]+cost[w][i]<dist[i]，则修改 pre[i]的值为 w，即目前的最短路径是通过中间点 w 到达的，否则的话 pre[i]的值不变；对于有 n 个顶点的有向网，重复上述操作 n-1 次，即可求出从源点到其余 n-1 个顶点的最短路径。

图 7.18 是个有向网，图 7.19 是其所对应的邻接矩阵 cost，表 7.1 给出了对图 7.18 所示有向网，以 1 为源点，应用迪杰斯特拉算法求 1 到其余各顶点的最短路径的全过程及各数据结构的变化情况。

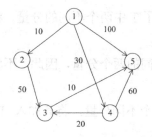

$$cost = \begin{bmatrix} \infty & 10 & \infty & 30 & 100 \\ \infty & \infty & 50 & \infty & \infty \\ \infty & \infty & \infty & \infty & 10 \\ \infty & \infty & 20 & \infty & 60 \\ \infty & \infty & \infty & \infty & \infty \end{bmatrix}$$

图 7.18 一个有向网示意图　　　　图 7.19 图 7.18 所示有向网的邻接矩阵

表 7.1 用 Dijkstra 算法求单源最短路径的过程及各数据结构变化情况

循环	S	w	dist[2]	dist[3]	dist[4]	dist[5]	pre[2]	pre[3]	pre[4]	pre[5]
初始化	{1}	—	10	∞	30	100	1	1	1	1
1	{1, 2}	2	10	60	30	100	1	2	1	1
2	{1, 2, 4}	4	10	50	30	90	1	4	1	4
3	{1, 2, 4, 3}	3	10	50	30	60	1	4	1	3
4	{1, 2, 4, 3, 5}	5	10	50	30	60	1	4	1	3

初始时集合 S 中只包含源点 1，数组 dist[i]各单元存储的是 cost[1][i]的值，即目前从源点 1 到其余各顶点的距离，pre[i]的值均为 1，即当前最短路径的前驱结点都是 1，表中没

有列出 dist[1]和 pre[1]，是因为不需要求 1 到 1 的最短路径。

第一次循环，从 dist 数组中选取最小值 10，将对应的下标号 2 赋给 w，并将 w 加入集合 S，此时 S={1, 2}，说明 1 到 2 的最短路径已经找到，从 pre[2]中查看 2 的前驱结点是 1，最短路径即 1->2，值为 10，之后看是否需要修改 dist 和 pre 数组其余各单元的值，dist[3]原值为∞，即从 1 到 3 没有路径相通，如果从 1 经 2 到 3，路径则变为 60，小于原值，用 60 替换原值∞，dist[3]的值变为 60，同时修改 pre[3]为 2，表示 1 到 3 当前最短路径上 3 的前驱结点是 2；使用同样的方式，考量 dist[4]原值是 30，从 1 经 2 至 4 为∞，大于原值，因此不需要修改，则 pre[4]也不需要修改，dist[5]和 pre[5]的值也同样不需要修改。

第二次循环，从 dist 数组中选取剩下单元中的最小值 30，将其对应的下标号 4 赋给 w，并将 w 加入集合 S，此时 S={1, 2, 4}，说明 1 到 4 的最短路径已经找到，从 pre[4]中查看 4 的前驱结点是 1，最短路径即 1->4，值为 30，之后同样查看数组 dist 和 pre 是否需要修改，这里 dist[3]修改后值为 50，dist[5]修改后为 90，pre[3]和 pre[5]均改为 4。

第三次循环，仍从 dist 数组中选取剩下单元中的最小值 50，将其对应的下标号 3 赋给 w，并将 w 加入集合 S，此时 S={1, 2, 4, 3}，说明 1 到 3 的最短路径已经找到，从 pre[3]中查看 3 的前驱结点是 4，4 的前驱结点在 pre[4]中，值是 1，最短路径即 1->4->3，值为 50，之后再看数组 dist 和 pre 是否需要修改，这里 dist[5]修改后值为 60，pre[5]修改为 3。

第四次循环，仍从 dist 数组中选取剩下单元中的最小值 60，将其对应的下标号 5 赋给 w，并将 w 加入集合 S，此时 S={1, 2, 4, 3, 5}，说明 1 到 5 的最短路径已经找到，从 pre[5]中查看 5 的前驱结点是 3，3 的前驱从 pre[3]中查看是 4，4 的前驱结点在 pre[4]中，值是 1，最短路径即 1->4->3->5，值为 60，至此经过四次循环，将从源点 1 到其余各顶点的最短路径均找到，结束算法。

7.5.2 每一对顶点之间的最短路径

求每一对顶点之间的最短路径，可以通过两种方法：一是每次以图中的一个顶点作为源点，调用 n 次 Dijkstra 算法，便可求得图中每一对顶点间的最短路径。另一种方法是采用弗洛伊德(Floyd)算法，此算法比较简单，易于理解和编程。

弗洛伊德算法仍从图的带权邻接矩阵 cost 出发，其基本思想是：

设立两个矩阵用来分别记录各顶点间的路径和路径长度。矩阵 path 表示路径，矩阵 D 表示路径长度。

初始时，将 cost 复制到 D 中，即顶点 v_i 到顶点 v_j 的最短路径长度 D[i][j]就是弧<v_i, v_j>所对应的权值，将其记为 $D^{(-1)}$，其数组元素不一定是 v_i 到 v_j 的最短路径，要想求得最短路径，还需进行 n 次试探。

在矩阵 $D^{(-1)}$ 的基础上，对于从顶点 v_i 到 v_j 的最短路径，首先考虑让路径经过顶点 v_0，比较<v_i, v_j>和<v_i, v_0, v_j>的路径长度，取其短者为当前求得的最短路径。对每一对顶点都做这样的试探，可求得矩阵 $D^{(0)}$。然后在 $D^{(0)}$ 的基础上，让路径通过 v_1，得到新的矩阵 $D^{(1)}$。以此类推，一般的，如果顶点 v_i 到 v_j 的路径经过顶点 v_k 使得路径缩短，则修改 $D^{(k)}[i][j]=D^{(k-1)}[i][k]+D^{(k-1)}[k][j]$，所以 $D^{(k)}[i][j]$ 就是当前求得的从顶点 v_i 到 v_j 的最短路径，且其路径上的顶点，除了源点和终点外，序号都不大于 k。这样经过 n 次试探，最后求得的矩阵 $D^{(n-1)}$ 就一定是各顶点间的最短路径。

综上所述，弗洛伊德算法的基本思想是定义一个 n 阶方阵序列 $D^{(-1)}, D^{(0)}, D^{(1)}, \cdots, D^{(k)}, \cdots, D^{(n-1)}$，其中

$D^{(-1)}[i][j]=cost[i][j]$
$D^{(k)}[i][j]=Min\{D^{(k-1)}[i][j],D^{(k-1)}[i][k]+D^{(k-1)}[k][j]\}$ $0 \leq i,j,k \leq n-1$

从上述计算公式可见，$D^{(1)}[i][j]$ 是从 v_i 到 v_j 的中间顶点的序号不大于 1 的最短路径的长度；$D^{(k)}[i][j]$ 是从 v_i 到 v_j 的中间顶点的个数不大于 k 的最短路径的长度；$D^{(n-1)}[i][j]$ 就是从 v_i 到 v_j 的最短路径的长度。

再来看最短路径的顶点序列如何求得。矩阵 path 是用来存储最短路径上的顶点信息的。矩阵 path 初始时都赋值为-1，表示 v_i 到 v_j 的最短路径是直接可达的，中间不需经过其他顶点。以后，当考虑路径经过某个顶点 v_k 时，如果使路径更短，在修改 $D^{(k-1)}[i][j]$ 的同时修改 path[i][j]为 k，即 path[i][j]中存放的是从 v_i 到 v_j 路径上所经过的某个顶点(若 path[i][j]!=-1)。那么如何求得从 v_i 到 v_j 最短路径的顶点序列呢？设经过 n 次探查后，path[i][j]=k，即从 v_i 到 v_j 的最短路径经过顶点 v_k，该路径上还有哪些顶点呢，需要去查看 path[i][k]和 path[k][j]，以此类推，直到所查元素为-1 为止。

图 7.20 是一个有向网和它的邻接矩阵存储，按照弗洛伊德算法求每对顶点间的最短路径，矩阵 D 和 path 的变化情况如图 7.21 所示。

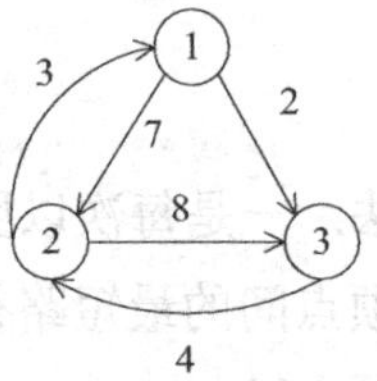

$$cost=\begin{bmatrix} \infty & 7 & 2 \\ 3 & \infty & 8 \\ \infty & 4 & \infty \end{bmatrix}$$

图 7.20 有向网及其邻接矩阵

$$D^{(-1)}=\begin{bmatrix} \infty & 7 & 2 \\ 3 & \infty & 8 \\ \infty & 4 & \infty \end{bmatrix} \qquad path^{(-1)}=\begin{bmatrix} -1 & -1 & -1 \\ -1 & -1 & -1 \\ -1 & -1 & -1 \end{bmatrix}$$

$$D^{(0)}=\begin{bmatrix} \infty & 7 & 2 \\ 3 & \infty & 5 \\ \infty & 4 & \infty \end{bmatrix} \qquad path^{(0)}=\begin{bmatrix} -1 & -1 & -1 \\ -1 & -1 & -1 \\ -1 & -1 & -1 \end{bmatrix}$$

图 7.21 Floyed 算法执行过程中矩阵 D 和 path 的变化情况

$$D^{(1)}=\begin{bmatrix} \infty & 7 & 2 \\ 3 & \infty & 5 \\ 7 & 4 & \infty \end{bmatrix} \qquad path^{(1)}=\begin{bmatrix} -1 & -1 & -1 \\ -1 & -1 & 1 \\ 2 & -1 & -1 \end{bmatrix}$$

$$D^{(2)}=\begin{bmatrix} \infty & 6 & 2 \\ 3 & \infty & 5 \\ 7 & 4 & \infty \end{bmatrix} \qquad path^{(2)}=\begin{bmatrix} -1 & 3 & -1 \\ -1 & -1 & 1 \\ 2 & -1 & -1 \end{bmatrix}$$

图 7.21 Floyed 算法执行过程中矩阵 D 和 path 的变化情况(续)

由图 7.21 可知，矩阵 $D^{(2)}$ 中即为求得的最短路径，结果为 1->3->2，最短路径为 6；1->3 最短路径为 2；2->1 最短路径为 3；2->1->3 最短路径为 5；3->2->1 最短路径为 7；3->2 最短路径为 4。

实现 Floyed 算法的完整程序如下：

```
#define INFINITY 9999              /*设 9999 表示无穷大*/
int path[MAXSIZE][MAXSIZE];
void create_youxiangnet(MGRAPH *g)
{   int i,j,k,n;
    printf("输入顶点数和边数：");
    scanf("%d,%d",&i,&j);
    g->vexnum=i;
    g->arcnum=j;
    for(i=1;i<=g->vexnum;i++)     /*0 单元空出不存储顶点的信息*/
    {   printf("第%d 个顶点的信息:",i);
        scanf("%d",&g->vexs[i]);
    }
    for(i=1;i<=g->vexnum;i++)     /*初始化邻接矩阵*/
        for(j=1;j<=g->vexnum;j++)
            g->arcs[i][j]=INFINITY;
    for(k=1;k<=g->arcnum;k++)
    {   printf("输入第%d 条边的起点和终点的编号：",k);
        scanf("%d,%d",&i,&j);
        while(i<1||i>g->vexnum||j<1||j>g->vexnum)
        {   printf("编号超出范围，请重新输入!");
            scanf("%d,%d",&i,&j);
        }
        printf("输入边<%d,%d>的权值：",i,j);
        scanf("%d",&n);            /*输入边的权值*/
        g->arcs[i][j]=n;
    }
}
void putpath(int i,int j)          /*用递归的方法输出顶点 i 到 j 最短路径上的各顶点*/
```

```c
{   int k;
    k=path[i][j];
    if(k==-1)
        return;
    putpath(i,k);
    printf("%d->",k);
    putpath(k,j);
}
void floyed(MGRAPH *g)
{   int D[MAXSIZE][MAXSIZE],i,j,k;
    for(i=1;i<=g->vexnum;i++)                          /*初始化矩阵D和path*/
        for(j=1;j<=g->vexnum;j++)
        {   D[i][j]=g->arcs[i][j];
            path[i][j]=-1;
        }
    for(k=1;k<=g->vexnum;k++)                          /*通过递推求最短路径和路径长度*/
    {   for(i=1;i<=g->vexnum;i++)
            for(j=1;j<=g->vexnum;j++)
                if((D[i][k]+D[k][j]<D[i][j])&&(i!=j)&&(i!=k)&&(j!=k))
                {   D[i][j]= D[i][k]+D[k][j];
                    path[i][j]=k;
                }
    }
    printf("\n输出最短路径：\n");
    for(i=1;i<=g->vexnum;i++)
        for(j=1;j<=g->vexnum;j++)
        {   if(i==j)
                continue;
            printf("%d->",i);                          /*输出起点*/
            putpath(i,j);                              /*输出最短路径上的各个顶点*/
            printf("%d",j);                            /*输出终点*/
            printf("\t%d",D[i][j]);
            printf("\n");
        }
}
main()
{   MGRAPH net,*g;
    g=&net;
    create_net(g);                                     /*建立有向网*/
    floyed(g);                                         /*调用弗洛伊德算法求最短路径*/
}
```

7.6 AOV 网拓扑排序

7.6.1 AOV 网

一个较大的工程往往被划分成许多子工程,我们把这些子工程称作活动(activity)。在整个工程中,有些子工程(活动)必须在其他有关子工程完成之后才能开始,也就是说,一个子工程的开始是以它的所有前序子工程的结束为先决条件的,但有些子工程没有先决条件,可以安排在任何时间开始。为了形象地反映出整个工程中各个子工程(活动)之间的先后关系,可用一个有向图来表示,图中的顶点代表活动(子工程),图中的有向边代表活动的先后关系,即有向边的起点的活动是终点活动的前序活动,只有当起点活动完成之后,其终点活动才能进行。通常,我们把这种顶点表示活动、弧表示活动间先后关系的有向图称作 AOV 网(Activity On Vertex Network)。

例如,假定一个计算机专业的学生必须完成表 7.2 所列的全部课程。在这里,课程代表活动,学习一门课程就表示进行一项活动,学习每门课程的先决条件是学完它的全部先修课程。如学习《数据结构》课程就必须在学完它的两门先修课程《离散数学》和《程序设计导论》之后。学习《高等数学》课程则可以随时安排,因为它是基础课程,没有先修课。可以用图 7.22 所示的 AOV 网来表示这种课程安排的先后关系。图 7.22 中的每个顶点代表一门课程,每条弧代表课程之间的先后关系,若课程 v_i 为课程 v_j 的先修课,则必然存在有向边 $<v_i, v_j>$。

表 7.2 计算机专业学生必修课名称与代号

课程代号	课 程 名	先修课程代号
1	程序设计导论	无
2	离散数学	C_6、C_1
3	数据结构	C_1、C_2
4	微机原理	C_1
5	操作系统	C_3、C_4
6	高等数学	无
7	线性代数	C_6

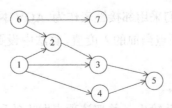

图 7.22 表示课程间先后关系的 AOV 网

7.6.2 AOV网拓扑排序

一个 AOV 网应该是一个有向无环图,即不应该带有回路,因为若带有回路,则回路上的所有活动都无法进行,活动会进入死循环,如图 7.23 所示是由三个顶点构成的一个回路,活动 1 结束才能进行 2,2 结束才能进行 3,由此推出 1 结束才能进行 3,而从图中存在的弧可知 3 结束才能进行 1,因此出现矛盾。所以,对给定的 AOV 网首先要判定图中是否存在回路,只有有向无环图在应用中才有意义。可以对有向图进行拓扑排序来检测图中是否有环路存在。

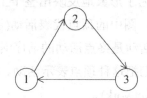

图 7.23 三个顶点构成的回路

进行拓扑排序可以得到一个线性序列称为拓扑序列,该序列具有这样的性质:在 AOV 网中,若顶点 v_i 是顶点 v_j 的前驱,则在线性序列中,v_i 的位置应在 v_j 的前面;对于 AOV 网中没有优先关系的两个顶点,则在序列中给这两个顶点也安排一个先后关系。若 AOV 网所有的顶点都在拓扑序列之中,则 AOV 网中必定不存在环。一个有向无环图,其全部顶点都可以排成一个拓扑序列,而其拓扑序列不一定唯一。例如,图 7.22 所示 AOV 网的两个拓扑序列如下:

(1, 6, 2, 3, 4, 7, 5)

(6, 7, 1, 4, 2, 3, 5)

对 AOV 网进行拓扑排序的方法如下:

(1) 从 AOV 网中选择一个入度为 0 的顶点,并且输出它。

(2) 从 AOV 网中删去该顶点和该顶点发出的全部有向边。

(3) 重复(1)和(2),直到找不到入度为 0 的顶点。

此时,若网中仍有顶点没有输出,则说明 AOV 网中有环路。

对于图 7.22 所示 AOV 网,其拓扑排序的过程如图 7.24 所示,得到的一个拓扑序列为(1, 6, 7, 2, 3, 4, 5)。

为实现拓扑排序算法,我们采用邻接链表作为 AOV 网的存储结构,在一维数组中增设一个入度域 id,以存放各个顶点当前的入度值。算法中设置一个栈,用来存储入度为 0 的顶点。拓扑排序算法的步骤为:

(1) 将 id 为 0 的顶点入栈。

(2) 从栈中弹出栈顶元素并输出,并把该顶点发出的所有有向边删去,即把它的各个邻接顶点的入度减 1。

(3) 将新的 id 为 0 的顶点入栈。

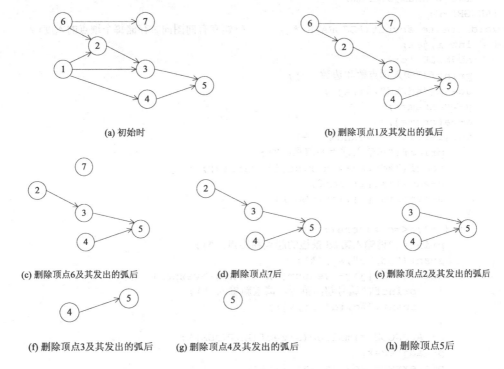

图 7.24 拓扑排序过程

(4) 重复(2)和(3)，直到栈空为止。此时若输出的顶点数小于 n，则输出"有回路"；否则拓扑排序正常结束。

从上面的步骤可以看出，栈在这里的作用只是起到一个保存当前入度为 0 的顶点，并使之处理有序。这种有序可以是后进先出，也可以是先进先出，故此也可用队列来辅助实现。

下面给出拓扑排序算法用栈作为辅助结构的 C 语言实现。这里直接使用第 3 章关于顺序栈的基本操作，把顺序栈的定义及基本操作写在一个名字为"seqstack.h"的头文件中。

```
#include <stdio.h>
#include <seqstack.h>
#define MAXSIZE 100          /*最大顶点数为100*/
#define VEXTYPE int          /*顶点类型设为整型*/
typedef struct adjnode
{   VEXTYPE adjvex;
    struct adjnode *next;
}ADJNODE;                    /*定义邻接链表结点*/
typedef struct
{   VEXTYPE vertex;
    int id;                  /*增加入度域*/
    ADJNODE *link;
}VEXNODE;                    /*定义数组结点结构*/
typedef struct
```

```c
{   VEXNODE adjlist[MAXSIZE];
    int vexnum,arcnum;
}ADJGRAPH;
void create_aovnet(ADJGRAPH *g)        /*建立有向图同时存储每个顶点的入度*/
{   int i,j,k;
    ADJNODE *p;
    printf("输入顶点数和边数：");
    scanf("%d,%d",&i,&j);
    g->vexnum=i;
    g->arcnum=j;
    for(i=1;i<=g->vexnum;i++)
    {   printf("请输入顶点的信息：");
        scanf("%d",&g->adjlist[i].vertex);
        g->adjlist[i].id=0;
        g->adjlist[i].link=NULL;
    }
    for(i=1;i<=g->arcnum;i++)
    {   printf("请输入第%d 条边的起点和终点：");
        scanf("%d,%d",&j,&k);
        while(j<1||j>g->vexnum||k<1||k>g->vexnum)
        {   printf("编号超出范围，请重新输入!");
            scanf("%d,%d",&i,&j);
        }
        p=(ADJNODE *)malloc(sizeof(ADJNODE));
        p->adjvex=k;
        p->next=g->adjlist[j].link;
        g->adjlist[j].link=p;
        g->adjlist[k].id++;
    }
}
void topsort(ADJGRAPH *g)
{   SEQSTACK stack,*s;
    ADJNODE *p;
    int i,w,v,count=0;              /*count 用来记录输出顶点的个数*/
    s=&stack;
    Init_Stack(s);
    for(i=1;i<=g->vexnum;i++)       /*将入度为 0 的顶点入栈*/
        if(g->adjlist[i].id==0)
            Push_Stack(s,g->adjlist[i].vertex);
    printf("拓扑排序结果为：");
    while(!Stack_Empty(s))
    {   v=Gettop_Stack(s);
        printf("%5d",v);            /*输出栈顶入度为 0 的顶点 v*/
            count++;                /*将输出顶点个数加 1*/
        Pop_Stack(s);
        p=g->adjlist[v].link;
        while(p!=NULL)              /*将邻接链表中与 v 邻接的顶点入度减 1*/
        {   w=p->adjvex;
            g->adjlist[w].id--;
            if(g->adjlist[w].id==0) /*入度减 1 后若顶点入度为 0 则入栈*/
                Push_Stack(s,g->adjlist[w].vertex);
            p=p->next;
        }
```

```
        }
        if(count<g->vexnum)          /*若输出顶点个数小于图中顶点数则存在回路*/
            printf("图中存在回路！");
}
main()
{   ADJGRAPH aovnet,*g;
    g=&aovnet;
    create_aovnet(g);
    topsort(g);
}
```

为了更好地理解上述拓扑排序算法，图 7.25(a)～图 7.25(h)给出了对图 7.22 所示 AOV 网使用上述算法进行拓扑排序邻接链表及栈的变化过程。

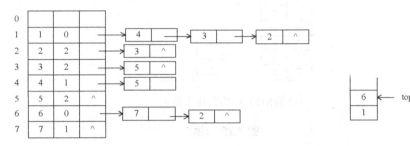

(a) 图7.22所示图的邻接链表结构和栈的初始状态

(b) 输出顶点6后邻接链表和栈的变化　　　(c) 输出顶点7后邻接链表和栈的变化

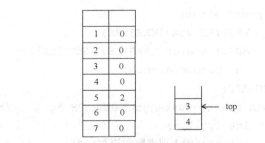

(d) 输出顶点1后邻接链表和栈的变化　　　(e) 输出顶点2后邻接链表和栈的变化

图 7.25　拓扑排序算法执行过程中邻接链表和栈的变化示意图

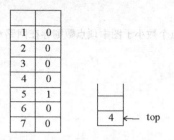
(f) 输出顶点3后邻接链表和栈的变化

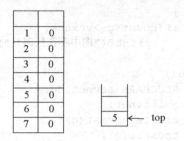
(g) 输出顶点4后邻接链表和栈的变化

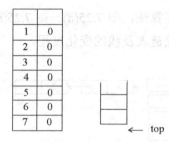
(h) 输出顶点5拓扑排序结束

图 7.25 （续）

7.7 图 的 应 用

【例 7.1】编程实现 Prim 算法。

算法分析及运行过程已经在本章的第 7.4.1 节中给出，这里只给出 Prim 算法的 C 语言实现，分析内容参看对应章节。

```
#define INFINITY 32767
#define VEXTYPE int
#define ADJTYPE int
#define MAXSIZE 100
typedef struct
{   VEXTYPE vexs[MAXSIZE];
    ADJTYPE arcs[MAXSIZE][MAXSIZE];
    int vexnum,arcnum;
}MGRAPH;
void create_wuxiangnet(MGRAPH *g)        /*建立无向网*/
{   int i,j,k,n;
    printf("输入顶点数和边数：");
    scanf("%d,%d",&i,&j);
    g->vexnum=i;
    g->arcnum=j;
    for(i=1;i<=g->vexnum;i++)             /*0 单元空出不存储顶点的信息*/
```

```c
        {   printf("第%d 个顶点的信息:",i);
            scanf("%d",&g->vexs[i]);
        }
        for(i=1;i<=g->vexnum;i++)                /*初始化邻接矩阵*/
            for(j=1;j<=g->vexnum;j++)
                g->arcs[i][j]=INFINITY;
        for(k=1;k<=g->arcnum;k++)
        {   printf("输入第%d 条边的起点和终点的编号：",k);
            scanf("%d,%d",&i,&j);
            while(i<1||i>g->vexnum||j<1||j>g->vexnum)
            {   printf("编号超出范围，请重新输入!");
                scanf("%d,%d",&i,&j);
            }
            printf("输入边的权值：");
            scanf("%d",&n);
            g->arcs[i][j]=n;
            g->arcs[j][i]=n;
        }
}
void prim(MGRAPH *g)
{   int lowcost[MAXSIZE],closest[MAXSIZE],i,j,k,min;
    for(i=1;i<=g->vexnum;i++)               /*初始化 lowcost 和 closest*/
    {   lowcost[i]=g->arcs[1][i];    /*初始最小权值为 1 到其余顶点的权值*/
        closest[i]=1;                /*初始起点都为 1*/
    }
    closest[1]=0;                    /*将顶点 1 加入 U*/
    for(i=2;i<=g->vexnum;i++)
    {   min=32767;
        k=0;                         /*k 跟踪最小权值对应的顶点*/
        for(j=2;j<=g->vexnum;j++)
            if((lowcost[j]<min)&&(closest[j]!=0))
            {   min=lowcost[j];
                k=j;
            }
        if(k!=0)
        {   printf("(%d,%d):%d\n",closest[k],k,lowcost[k]);/*输出边和权值*/
            closest[k]=0;
            for(j=2;j<=g->vexnum;j++)
                if((closest[j]!=0)&&(g->arcs[k][j]<lowcost[j]))
                {   lowcost[j]=g->arcs[k][j];
                    closest[j]=k;
                }
        }
```

```
        }
    }
main()
{   MGRAPH net,*g;
    g=&net;
    create_wuxiangnet(g);
    prim(g);
}
```

【例7.2】编程实现 Dijkstra 算法。

算法分析已经在本章 7.5.1 节中给出，这里只给出 Dijkstra 算法的 C 语言实现。

```
#define VEXTYPE int
#define ADJTYPE int
#define MAXSIZE 100
typedef struct
{   VEXTYPE vexs[MAXSIZE];
    ADJTYPE arcs[MAXSIZE][MAXSIZE];
    int vexnum,arcnum;
}MGRAPH;
#define INFINITY 9999                        /*设9999表示无穷大*/
int pre[MAXSIZE];
void create_youxiangnet(MGRAPH *g)
{   int i,j,k,n;
    printf("输入顶点数和边数：");
    scanf("%d,%d",&i,&j);
    g->vexnum=i;
    g->arcnum=j;
    for(i=1;i<=g->vexnum;i++)                /*0单元空出不存储顶点的信息*/
    {   printf("第%d个顶点的信息：",i);
        scanf("%d",&g->vexs[i]);
    }
    for(i=1;i<=g->vexnum;i++)                /*初始化邻接矩阵*/
        for(j=1;j<=g->vexnum;j++)
            g->arcs[i][j]=INFINITY;
    for(k=1;k<=g->arcnum;k++)
    {   printf("输入第%d条边的起点和终点的编号：",k);
        scanf("%d,%d",&i,&j);
        while(i<1||i>g->vexnum||j<1||j>g->vexnum)
        {   printf("编号超出范围，请重新输入!");
            scanf("%d,%d",&i,&j);
        }
        printf("输入边<%d,%d>的权值：",i,j);
        scanf("%d",&n);                      /*输入边的权值*/
```

```c
        g->arcs[i][j]=n;
    }
}
void putpath(int v0,int j)
/*用递归的方法输出v0到j最短路径上的各顶点，不包括源点和终点*/
{   int k;
    k=pre[j];
    if(k==v0)
        return;
    putpath(v0,k);
    printf("%d--->",k);
}
void dijkstra(MGRAPH *g)
{   int dist[MAXSIZE], s[MAXSIZE],v0,i,j,k,w;
    printf("请输入源点：");
    scanf("%d",&v0);
    for(i=1;i<=g->vexnum;i++)
    {   dist[i]=g->arcs[v0][i];/*初始化数组dist,邻接矩阵用数组arcs存储*/
        pre[i]=v0;
        s[i]=0;
    }
    s[v0]=1;                        /*将v0加入集合s*/
    for(i=2;i<=g->vexnum;i++)       /*循环n-1次求最短路径*/
    {   min=INFINITY;
        for(j=1;j<=g->vexnum;j++)
        /*寻找当前最短路径，从V-S中找一个w,使dist[w]最小*/
            if((dist[j]<min)&&(s[j]==0))
            {   min=dist[j];
                w=j;
            }
        s[w]=1;                     /*将w加入集合s*/
        for(k=1;k<=g->vexnum;k++)   /*加入w后修改dist和pre数组的值*/
            if((s[k]==0)&&(dist[w]+g->arcs[w][k]<dist[k]))
            {   dist[k]=dist[w]+g->arcs[w][k];
                pre[k]=w;
            }
    }
    printf("单源最短路径为：\n");
    for(i=2;i<=g->vexnum;i++)
        if(s[i]==1)
        {   printf("%d--->"v0);         /*输出源点*/
            putpath(v0,i);              /*输出最短路径上源点和终点之间的顶点*/
            printf("%d",i);             /*输出终点*/
```

```
            printf("\t%d\n",dist[i]);    /*输出最短路径长度*/
        }
        else                              /*源点到某个顶点不存在路径的情况*/
        {   printf("%d--->%d",v0,i);
            printf("没有路径相通！\n");
        }
    }
}
main()
{   MGRAPH net,*g;
    g=&net;
    create_youxiangnet(g);
    dijkstra(g);
}
```

本 章 小 结

(1) 图是一种非线性数据结构，图中元素存在多对多的关系，因此它的应用更加广泛，可以使用邻接矩阵和邻接链表两种存储方式来表示图中数据元素间的关系。

(2) 图的遍历算法是图的基本算法，使用该算法，可以判断图的连通性及求图的连通分量。另外注意体会图的遍历与二叉树的遍历的联系：图的深度优先搜索类似于二叉树的先序遍历，图的广度优先搜索类似于二叉树的层次遍历。

(3) 图有很多方面的具体应用，包括求最小生成树、求最短路径以及拓扑排序。求最小生成树可以使用 Prim 和 Kruskal 算法；求单源最短路径可以使用 Dijsktra 算法；求每对顶点间的最短路径可以使用 Floyed 算法；拓扑排序是在无环路有向图中进行的，通过拓扑排序可以判断有向图中是否存在环路，另外在求拓扑序列时注意拓扑序列可以不唯一。

习　　题

一、填空题

1. 若连通图 G 的顶点个数为 n，则 G 的生成树的边数为_____。如果 G 的一个子图 G′的边数_____，则 G′中一定有环。相反，如果 G′的边数_____，则 G′一定不连通。

2. 对于无向图的邻接矩阵，顶点 v_i 的度是_____。对于有向图的邻接矩阵，顶点 v_i 的出度为_____，顶点 v_i 的入度为_____。

3. 对于无向图，若它有 n 个顶点 e 条边，则其邻接链表中需要_____个结点。其中，_____个结点构成邻接表，_____个结点构成顶点表。

4. _____的有向图，其全部顶点有可能排成一个拓扑序列。

5. 对于无向图，其邻接矩阵是一个关于_____对称的矩阵。

6. 若以图中的顶点来表示活动，有向边表示活动之间的优先关系，则这样的有向图为_____网。

7. 按权值递增的次序来构造最小生成树的方法，是由_____提出的。

8. 在一个有 n 个顶点的无向完全图中，包含_____条边，在一个有 n 个顶点的有向完全图中，包含_____条弧。

二、选择题

1. 设有无向图 G=(V, E)和 G′=(V′, E′)，如 G′为 G 的生成树，则下面不正确的说法是（　　）。

  A. G′为 G 的子图　　　　　　　　B. G′为 G 的连通分量
  C. G′为 G 的极小连通子图且 V′=V　　D. G′是 G 的无环子图

2. 在一个图中，所有顶点的度数之和等于所有边数的（　　）倍。

  A. 1/2　　　　B. 1　　　　C. 2　　　　D. 3

3. 在一个有向图中，所有顶点的入度之和等于所有顶点出度之和的（　　）倍。

  A. 1/2　　　　B. 1　　　　C. 2　　　　D. 3

4. 在有向图 G 的拓扑序列中，如果顶点 v_i 在 v_j 之前，则在下列情况中一定不可能出现的是（　　）。

  A. G 中有弧<v_i, v_j>　　　　　　B. G 中有一条从 v_i 到 v_j 的路径
  C. G 中没有弧<v_i, v_j>　　　　　D. G 中有一条从 v_j 到 v_i 的路径

5. 下面关于图的存储叙述中正确的是（　　）。

  A. 用邻接矩阵存储图，占用的存储空间大小只与图中结点个数有关，而与边数无关
  B. 用邻接矩阵存储图，占用的存储空间大小只与图的边数有关，而与结点个数无关
  C. 用邻接链表存储图，占用存储空间的大小只与图中结点个数有关，而与边数无关
  D. 用邻接链表存储图，占用的存储空间大小只与图中边数有关，而与结点个数无关

6. 任何一个带权的无向连通图的最小生成树（　　）。

  A. 只有一棵　　B. 有一棵或多棵　　C. 一定有多棵　　D. 可能不存在

7. 在有 n 个顶点的连通图中的任意一条简单路径，其长度不可能超过（　　）。

  A. 1　　　　B. n/2　　　　C. n-1　　　　D. n

8. 采用邻接表存储的图的深度优先遍历算法类似于二叉树的（　　）。

  A. 先序遍历算法　　　　　　B. 中序遍历算法
  C. 后序遍历算法　　　　　　D. 层次遍历算法

三、判断题

1. 所有 AOV 网的拓扑序列都是不唯一的。（　　）
2. 线性结构和树形结构都可以看成是简单的图状结构。（　　）

3. 生成树是图的边数最少的连通图。 ( )
4. 若无向图有 n 个顶点，e 条边，则邻接链表需 n 个表头结点和 e 个表结点。( )
5. 无向图的邻接矩阵一定是对称的，而有向图的邻接矩阵不一定对称。 ( )
6. 在一个具有 n 个顶点的有向图中，最多可能有 n(n-1)/2 条弧。 ( )
7. 用邻接链表表示图，很容易确定图中任意两个顶点是否有边相连。 ( )
8. 广度优先搜索遍历类似于二叉树的按层次遍历。 ( )
9. 连通图中任意两顶点间都是有路径可达的。 ( )
10. 在广度优先搜索中，若对顶点 v_i 的访问先于顶点 v_j，则对顶点 v_i 邻接点的访问也先于对顶点 v_j 邻接点的访问。 ( )

四、应用题

1. 分别给出图 7.26 所示无向图 G1 和图 7.27 所示有向图 G2 的邻接矩阵和邻接链表。

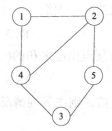
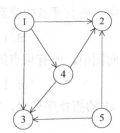

图 7.26　无向图 G1　　　　图 7.27　有向图 G2

2. 对于图 7.26 和图 7.27，分别求：
(1) 从顶点 1 开始进行深度优先搜索的遍历序列及其生成树或生成森林。
(2) 从顶点 1 开始进行广度优先搜索的遍历序列及其生成树或生成森林。

3. 按图 7.28 所示的邻接链表写出：
(1) 从顶点 A 开始进行广度优先搜索和深度优先搜索的序列。
(2) 从顶点 B 开始进行广度优先搜索和深度优先搜索的序列。

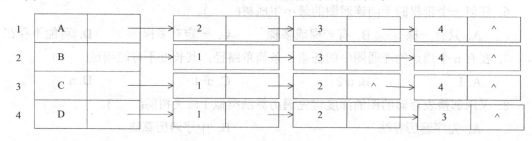

图 7.28　邻接链表

4. 对于图 7.29 所示无向连通网 G3 分别使用 Prim 算法和 Kruskal 算法求最小生成树，并列出其构造过程。

5. 对于图 7.30 所示有向图 G4，写出两种拓扑排序序列。

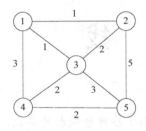
图 7.29 无向连通网 G3

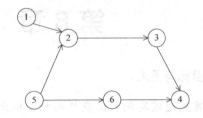
图 7.30 有向图 G4

6. 对于图 7.31 所示有向网 G5，按 Dijsktra 算法求从顶点 1 到其余各顶点的最短路径，要求给出辅助数组中值的变化过程。

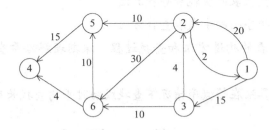
图 7.31 有向网 G5

五、算法设计题

1. 用邻接矩阵存储一个有向图，写一算法计算出度为 0 的顶点个数。

2. 有向图 G 以邻接链表存储，写一算法利用深度优先搜索判断图 G 中，从顶点 i 到顶点 j 是否有路径存在。

第8章 查　　找

学习目标与要求：

本章首先通过实例引出查找的相关概念；其次介绍了各种查找表的实现，包括静态查找表和动态查找表；并针对各种查找表给出相应的查找算法，讨论了各查找算法平均查找长度。通过本章的学习，要求掌握如下主要内容。

- 了解查找的基本概念。
- 熟练掌握静态查找表的实现和查找算法。
- 熟练掌握二叉排序树的生成和查找方法。
- 熟练掌握哈希表的构造方法和查找过程，深刻理解哈希查找和其他查找方法的差别。
- 掌握各种查找算法在等概率情况下查找成功时平均查找长度的计算。

8.1　基本概念

查找又称为检索，是计算机软件开发中经常使用的一种重要操作之一。查找的方法有很多种，当数据量很大时，分析各种查找算法的效率就显得十分重要。

表 8.1 是一个员工信息表，我们要在该表中查找何秀丽这个员工的信息应该采用什么样的方法进行查找呢？在介绍各种查找算法之前，我们以表 8.1 为例，首先介绍查找的一些基本概念。

表8.1　员工信息表

员工编号	姓　名	性　别	部　门	职　称
001	王林	男	办公室	教授
002	伍向东	男	办公室	讲师
003	何秀丽	女	计算机系	副教授
004	刘明	男	金融系	助教

查找是在查找表中进行的，查找表是由同一类型的数据元素构成的集合。由于集合中的数据元素之间存在着完全松散的关系，因此查找表是一种非常灵活的数据结构。但也正是由于查找表中数据元素仅存在着"同属一个集合"的松散关系，给查找过程带来不便，因此，在建立查找表时，我们给查找表中的数据元素人为地加上一些关系，比如线性关系、树形关系等，然后再按某种规则进行查找，即以另一种数据结构来表示查找表。表 8.1 即是以线性结构来表示查找表。

在查找的过程中,我们经常对查找表进行如下的一些操作。
(1) 查找操作:即查找某一元素是否在表中。
(2) 读取操作:即将查找到的数据元素输出。
(3) 插入操作:即在查找的过程中,若没有某数据元素,则将该数据元素插入到表中。
(4) 删除操作:即在查找的过程中,若找到某一数据元素,则将该数据删除。

根据在查找过程中所作操作不同,我们将查找表分为静态查找表和动态查找表两类。静态查找表中只能做(1)和(2)两个操作,这种查找称为静态查找。动态查找表中则还可以做(3)和(4)的操作,这种查找称为动态查找。

在表 8.1 中,每个数据元素由 5 个数据项构成,把能够标识数据元素的一个数据项或几个数据项称为关键字,若此关键字可以唯一地标识一个数据元素,则称此关键字为主关键字,表 8.1 中员工编号即为主关键字;反之称为次关键字,它可以标识若干个数据元素,表 8.1 中其他数据项就是次关键字。

下面给查找下一个定义:根据给定的值,在查找表中查找是否存在关键字等于给定值的记录,若存在一个或几个这样的记录,则查找成功,若表中不存在关键字等于给定值的记录,则查找失败。

本章除了要掌握各种查找算法之外,分析算法的时间效率也是本章学习的重点内容。我们用平均查找长度(ASL)来衡量各种查找算法的时间效率,即以关键字和给定值进行比较的平均次数作为衡量查找算法好坏的依据。在查找成功时,平均查找长度 ASL 是指为确定数据元素在表中的位置所进行的关键码比较次数的期望值。

对一个含 n 个数据元素的表,查找成功时

$$ASL = \sum_{i=1}^{n} P_i \cdot C_i$$

其中,P_i 为查找表中第 i 个数据元素的查找概率,C_i 为查找表中第 i 个数据元素需要进行比较的次数。

8.2 静态查找表

本节讨论在静态查找表中进行查找的几种查找算法。

8.2.1 顺序查找

顺序查找可以使用顺序表或单链表这样的线性结构来存储查找表,并且对记录的先后次序没有要求,记录是随机存放的。顺序查找的基本思想是:从线性表的一端开始顺序扫描线性表,依次将扫描到的结点关键字和给定值 k 作比较,若当前扫描到的结点关键字与 k 相等,则查找成功,返回该数据元素的存储位置;否则,若扫描结束后,仍未找到关键字等于 k 的结点,则查找失败,返回查找失败标志。

下面以顺序表表示查找表为例，给出顺序查找的算法。

顺序表的数据类型定义如下。

```
#define MAXSIZE 100
#define KEYTYPE int
typedef struct
{   KEYTYPE key;
}SEQLIST;
```

这里为了讨论方便，假设顺序表中存储的记录只包括一个数据项，即关键字项，KEYTYPE 为关键字的数据类型，KEYTYPE 为 int 型。若还包括其他项，则可在结构体中继续定义。

假设在查找表中，数据元素个数为 n(n<MAXSIZE)，并分别存放在数组的下标变量 r[1] 到 r[n] 中。查找算法如下：

```
int seqsearch(KEYTYPE k,SEQLIST *r,int n)
/* 查找关键字值等于 k 的记录，若查找成功，返回该记录的位置，否则返回 0。*/
{   int i;
    i=n;
    r[0].key=k;                /*监视哨*/
    while(r[i].key!=k)         /*从表后向前找*/
        i--;
    return i;      /*若 i 为 0，表示查找失败，否则，i 就是要找的结点 k 的位置。*/
}
main()
{   SEQLIST a[]={0,12,4,6,8,23,10};    /*顺序表 a 的 0 单元存储 0 值表示无元素*/
    int i,k;
    k=4;
    i=seqsearch(k,a,6);
    if(i!=0)
        printf("success!position is %d\n",i);
    else
        printf("fail\n");
}
```

算法中监视哨 r[0] 的作用，是为了在 while 循环中省去判定防止下标越界的条件 i≥1，从而节省比较的时间。

算法效率分析：对于含有 n 个结点的线性表，结点的查找在等概率的前提下，即 $p_i=\dfrac{1}{n}$，由于找第 i 个记录需要比较 n-i+1 次，即 $C_i=n-i+1$，于是有平均查找长度为

$$ASL = \sum_{i=1}^{n} P_i \cdot C_i = \frac{1}{n}\sum_{i=1}^{n}(n-i+1) = \frac{1}{n} \times \frac{n(n+1)}{2} = \frac{n+1}{2}$$

这就是说查找成功的平均查找次数近似于表长的一半。若 k 值不在表中，则必须进行 n+1 次比较之后，才能确定查找失败。

顺序查找算法简单，既可以使用顺序表存储元素，又可以使用单链表存储元素，但是执行效率较低，尤其当 n 较大时，不宜采用这种查找方法。

【例 8.1】 在关键字序列为 {12, 4, 6, 8, 23, 10} 的顺序表中查找关键字为 4 的元素。顺序查找过程如图 8.1 所示。

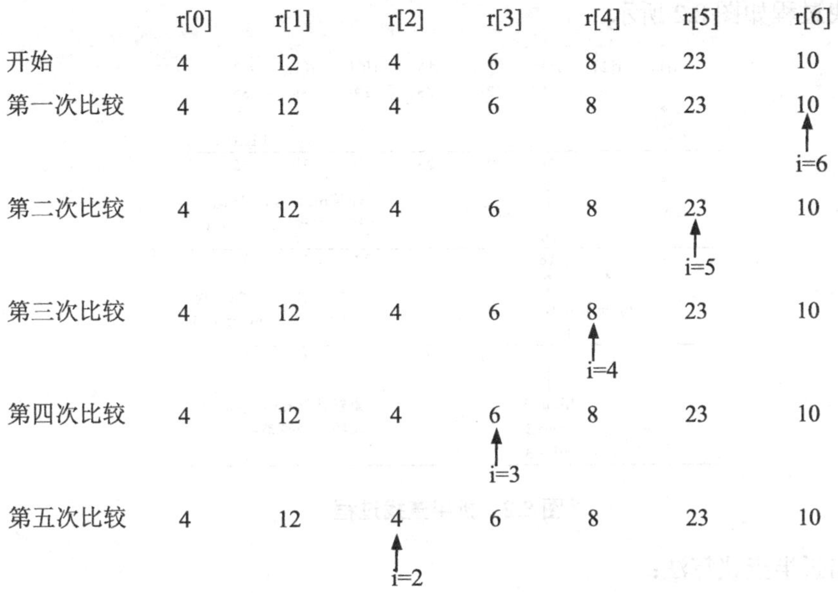

	r[0]	r[1]	r[2]	r[3]	r[4]	r[5]	r[6]
开始	4	12	4	6	8	23	10
第一次比较	4	12	4	6	8	23	10 ↑ i=6
第二次比较	4	12	4	6	8	23 ↑ i=5	10
第三次比较	4	12	4	6	8 ↑ i=4	23	10
第四次比较	4	12	4	6 ↑ i=3	8	23	10
第五次比较	4	12	4 ↑ i=2	6	8	23	10

图 8.1 顺序查找过程(由后向前扫描)

由图 8.1 可以看出，查找成功，返回序号 2。

8.2.2 折半查找

折半查找又称为二分查找。进行折半查找要求查找表存储在顺序表中，且按照关键字递增或递减的顺序排序。这里假设查找表按升序排列。折半查找的基本思想是：让给定的 k 值与表中中间位置的数据元素作比较，若相等，则查找成功，若不等，则到表的左半部分或右半部分继续折半查找，直到查找成功或失败。

假设将数据元素按照递增的顺序存储在顺序表 1 开始往后的单元。折半查找的具体操作如下：

(1) 设置两个指针 low 和 high 分别指向顺序表的第一个和最后一个元素。

(2) 当 low≤high 时，计算中间位置 mid= (low+high) /2。

① 让给定的 k 值与 mid 位置的数据元素作比较，若相等，则返回 mid 值。

② 若 k 值小于 mid 位置的数据元素，则到表的左半部分进行查找，修改 high 的值为 high=mid-1，返回(2)，继续折半查找。

③ 若 k 值大于 mid 位置的数据元素，则在表的右半部分进行查找，修改 low 的值为 low=mid+1，返回(2)，继续折半查找。

(3) 当 low>high 时，查找失败。

【例8.2】有序表按关键字排列如下：{7, 14, 18, 21, 23, 29, 31, 35}，采用折半查找查找关键字为 18 的元素。

折半查找过程如图 8.2 所示。

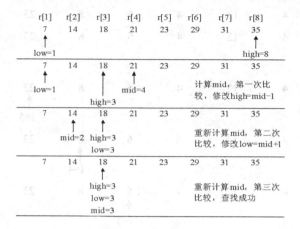

图 8.2　折半查找过程

下面给出折半查找算法：

```
int binsearch(KEYTYPE k ,SEQLIST *r, int n)
/*在有序表r中进行二分查找,成功时返回结点的位置,失败时返回0*/
{   int low,high,mid;
    low=1;high=n;                        /*置查找区间的下、上界初值*/
    while(low<=high)
    {   mid=(low+high)/2;
        if(k==r[mid].key)
            return mid;                  /*查找成功,返回k在表中的位置*/
        else if(k<r[mid].key)
            high=mid-1;                  /*缩小查找区间为左子表*/
          else
            low=mid+1;                   /*缩小查找区间为右子表*/
    }
    return 0;                            /*查找失败*/
}
main()
{   SEQLIST a[]={0,7,14,18,21,23,29,31,35};/*表a的0单元存储0值表示无元素*/
    int i,k;
    k=18;
    i=binsearch(k,a,8);
    if(i!=0)
        printf("success!position is %d\n",i);
    else
```

```
        printf("fail\n");
}
```

算法的效率分析：以上述具有 8 个元素的表为例，从查找过程可知，找到第 4 个元素需比较 1 次，找到第 2 和第 6 个元素需比较 2 次，找到第 1、3、5 和 7 个元素需比较 3 次，找到第 8 个元素需比较 4 次。这个查找过程可以用图 8.3 所示的二叉树来描述，我们把当前查找区间的中间位置上的结点序号作为根，左子表和右子表中的结点序号分别作为根的左子树和右子树，由此得到的二叉树，称为描述二分查找的判定树。从判定树上可见，查找元素 18 的过程恰好走了一条从根结点到结点 3 的路径，和给定值进行比较的次数即为该结点所在的层数。借助二叉判定树，可以求得折半查找的平均查找长度 $ASL=\log_2(n+1)-1$。

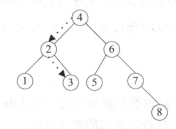

图 8.3 具有 8 个元素的二叉判定树及查找元素 18 的过程

折半查找的效率要比顺序查找高，速度比顺序查找快，但折半查找只适用于顺序存储的有序表，对线性链表则无法进行折半查找。

8.2.3 分块查找

分块查找又称索引顺序查找，是对顺序查找的一种改进。分块查找将查找表分成若干子表，每个子表为一块，每块中的关键字不一定有序，但块与块之间有序，即第二块中所有的关键字大于第一块中所有的关键字，以此类推，除此之外，还需建立一个索引表，索引表中包含两部分信息，一个是每块中最大的关键字，另一个是每块在查找表中的起始位置，则索引表中的关键字是递增有序的。

分块查找的基本思想：根据给定的 k 值，先在索引表中进行顺序查找或二分查找以确定待查记录在哪一块中，然后在已确定的块中再进行顺序查找。

【例 8.3】 对于关键字序列为 {18, 10, 3, 7, 12, 21, 32, 19, 35, 24, 47, 68, 42, 37, 90} 的线性表，采用分块查找法查找关键字为 19 的元素。

对给定的查找表首先按要求进行分块，建立索引表。对于给定的 k=19，首先在索引表中进行查找，因为 18<19<35，所以要查找的数据如果存在，应该在第二块中，根据指针项确定第二块的起始位置 6，从 6 单元开始顺序向后查找，确定 19 的位置是 8。分块查找过程示例的如图 8.4 所示。

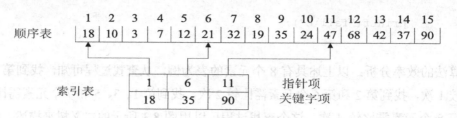

图 8.4 分块查找过程示例

分块查找效率分析：假设查找表由 n 个元素构成，平均分成 b 块，则索引表中有 b 项内容，每块中有 $s=\frac{n}{b}$ 个元素，假设在索引表和对应块中均采用顺序查找方式，又假定表中每个记录的查找概率相等，L_b 为在索引表中顺序查找的平均查找长度，L_s 为在块中查找的平均查找长度，则分块查找的平均查找长度 $ASL=L_b+L_s$，又 $L_b=\frac{b+1}{2}$，$L_s=\frac{s+1}{2}$，则 $ASL=\frac{b+1}{2}+\frac{s+1}{2}=\frac{1}{2}\left(\frac{n}{s}+s\right)+1$。

可见，平均查找长度和表中记录的个数 n 有关，而且和每一块中的记录个数 s 也有关。它是一种效率介于顺序查找和二分查找之间的查找方法。

8.3 动态查找表

动态查找表经常要对表中的记录进行插入、删除的操作，同时动态查找表的生成也是在查找过程中动态生成的。动态查找表的这种特性要求采用灵活的存储方式来组织查找表中的记录，以便高效率地实现动态查找表的查找、插入和删除的操作。本节重点介绍二叉排序树。

8.3.1 二叉排序树的概念

二叉排序树又称为二叉查找树，它是一种特殊结构的二叉树，其定义为：二叉排序树(Binary Sort Tree)或者是一棵空树，或者是具有如下性质的二叉树：

(1) 若它的左子树非空，则左子树上所有结点的值均小于根结点的值。
(2) 若它的右子树非空，则右子树上所有结点的值均大于根结点的值。
(3) 左、右子树本身又各是一棵二叉排序树。

从二叉排序树的定义可得出二叉排序树的一个重要性质：按中序遍历该树所得到的中序序列是一个递增有序序列。例如，图 8.5 所示的二叉树即是一棵二叉排序树，若中序遍历此二叉排序树，则可得有序序列为：7, 10, 13, 17, 19, 20, 22, 26, 27, 32。

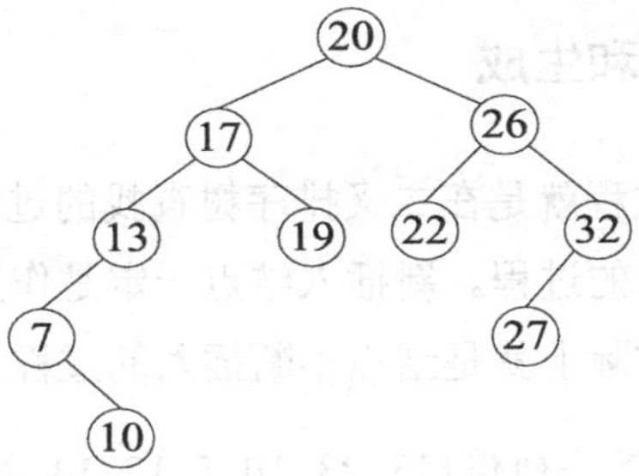

图 8.5 二叉排序树示例

以二叉链表作为存储结构存储二叉排序树，则每个结点的类型描述如下：

```
#define KEYTYPE int
typedef struct node
{   KEYTYPE key;
    struct node *lchild,*rchild;
}BSTNODE;
```

8.3.2 二叉排序树的查找

在二叉排序树上进行查找的基本思想如下。

(1) 若二叉排序树为空树，则查找失败。

(2) 若二叉排序树不空，则：

① 将给定值 k 与二叉排序树根结点的值作比较，若相等，则查找成功。

② 若给定值 k 大于根结点的值，则到其右子树中查找。

③ 若给定值 k 小于根结点的值，则到其左子树中查找。

下面给出二叉排序树的查找算法：

```
BSTNODE *bstsearch(KEYTYPE k ,BSTNODE *t)
{   BSTNODE *p;
    if(t==NULL)
        p=NULL;
    else if(k==t->key)
        p=t;
        else if(k>t->key)
                p=bstsearch(k,t->rchild);
             else
                p=bstsearch(k,t->lchild);
    return p;
}
```

8.3.3 二叉排序树的插入和生成

二叉排序树结点的插入过程就是在二叉排序树查找的过程中,当树中不存在给定值的结点时,将给定值插入二叉树的过程。新插入结点一定是作为叶子结点添加上去的。

二叉排序树的生成过程实际上就是结点不断插入的过程。

【例8.4】输入一组关键字序列值{18, 23, 10, 5, 12, 14, 25},根据这些值生成一棵二叉排序树。

二叉排序树的生成过程如图8.6(a)~图8.6(g)所示。

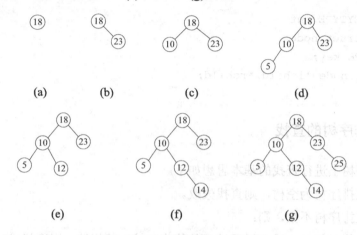

图8.6 二叉排序树的生成过程

根据关键字的输入顺序不同生成的二叉排序树的形态也是不同的,如果上述关键字的输入顺序为{5, 10, 12, 14, 18, 23, 25},则得到如图8.7所示的二叉排序树。

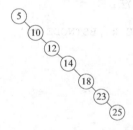

图8.7 输入顺序为{5, 10, 12, 14, 18, 23, 25}生成的二叉排序树

下面给出二叉排序树结点插入的算法和建立二叉排序树的算法:

```
void insertbst(BSTNODE **p ,KEYTYPE k)    /*在二叉排序树p中插入结点k*/
{   BSTNODE *s;
    if (*p==NULL)
    {   s=(BSTNODE *)malloc(sizeof(BSTNODE));
        s->key=k;
        s->lchild=NULL;
```

```
            s->rchild=NULL;
        *p=s;
    }
    else if(k<*p->key)
            insertbst(&(*p->lchild),k);
        else
            insertbst(&(*p->rchild),k);
}
BSTNODE *createbst()
{   KEYTYPE k;
    BSTNODE *root;
    root=NULL;
    scanf("%d",&k);
    while(k!=0)                    /*0 作为结束标志*/
    {   insertbst(&root,k);
        scanf("%d",&k);
    }
    return root;
}
```

下面的主函数实现建立一棵二叉排序树并进行数据查找的操作。

```
main()
{   BSTNODE *root,*p;
    int k;
    root=createbst();
    printf("输入待查数据:");
    scanf("%d",&i);
    p=bstsearch(i,root);
    if(p!=NULL)
        printf("%d",p->key);
}
```

8.3.4 二叉排序树的删除

从二叉排序树中删除一个结点，首先要找到该结点，然后将其删除，并确保删除该结点以后的二叉树仍是一棵二叉排序树。

假设待删除的结点用指针 p 指示，其父结点用指针 f 指示，p_L 和 p_R 分别表示 p 的左子树和右子树。

下面分三种情况讨论删除二叉排序树中一个结点的操作：

(1) 若 p 所指结点是叶结点，则直接删除即可。

(2) 若结点 p 只有左子树 p_L 或只有右子树 p_R，则令 p_L 或 p_R 直接作为 f 的左子树或右子树则删除结点 p，如图 8.8 所示。

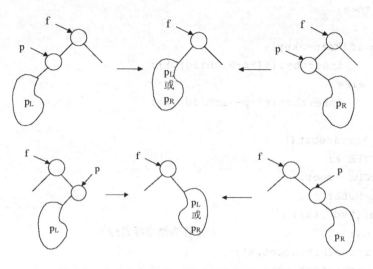

图 8.8 p 只有左或右子树时删除结点 p 示意图

(3) 若结点 p 既有左子树 p_L 又有右子树 p_R，则首先找到要删除结点的右子树中关键字值最小的结点(即右子树中最左端结点)，利用上面的方法将该结点从右子树中删除，并用它取代要删除结点的位置，这样处理的结果一定能够保证删除结点后二叉排序树的性质不变，如图 8.9 所示。

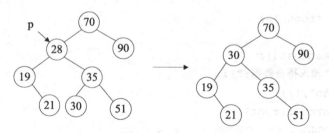

图 8.9 删除结点 p 所指的结点

8.3.5 二叉排序树查找算法效率分析

对于具有相同数据元素的二叉排序树，由于其形态和深度不同，所以平均查找长度也不同。假设每个结点的查找概率相等，则图 8.6 最终生成的二叉排序树的 $ASL = \sum_{i=1}^{n} P_i \cdot C_i = \frac{1}{7} + (1 + 2 \times 2 + 3 \times 3 + 4) \approx 2.57$，而对于图 8.7 中所示的二叉排序树的 $ASL = \sum_{i=1}^{n} P_i \cdot C_i = \frac{1}{7} + (1 + 2 + 3 + 4 + 5 + 6 + 7) = 4$。可见，当二叉排序树的形态和二分查找的判定树一样时，它的平均查找长度和 $\log_2 n$ 成正比，当二叉排序树的形态蜕变为单支树时，它的平均查找长度变得和顺序查找一样。

8.4 哈希表查找

8.4.1 哈希表的概念

前面介绍的各种查找方法都是根据给定的值与关键字进行比较，在查找表中进行查找最终得到结果。现在考虑能不能不经过比较，直接在表中找到要找的记录呢？实际上，我们只要建立关键字与存储位置之间的一一对应关系，通过哈希函数 H 与给定值 k 的对应关系，计算 H(k)，确定记录在表中的位置，从而达到查找的目的，把这个函数 H 称作哈希函数或哈希函数，这种查找方式称为哈希(Hash)查找，通过 H(k)计算出来的地址值称为哈希地址。根据哈希函数 H 计算各关键字的存储地址，将关键字存储起来的查找表称为哈希表。

下面举例说明以上概念。例如，构造哈希表存储表 8.1 所示的员工信息，假设员工总数为 30 人。使用一个具有 31 个存储单元的一维数组来存储这样的表。

(1) 如果以员工编号为关键字，取员工编号的后两位作为存储地址，构造哈希函数，即 H(001)=1,H(010)=10，即编号为 001 的信息存储在 1 单元，编号为 010 的员工信息存储在 10 单元，以此类推，建立哈希表。

(2) 如果以姓名为关键字，取姓名拼音的第一个字母在字母表中的序号作为存储地址，得到哈希函数，即 H(王林)=23，H(何秀丽)=8，也就是姓名为王林的员工信息存储在数组的 23 单元，姓名为何秀丽的员工信息存储在数组的 8 单元，以此类推，建立哈希表。在使用这种方式建立哈希表时，出现一个问题，即 H(伍向东)=23，其地址值与王林的一样。

通过上面的例子可知：①哈希函数的设定是很灵活的，只要使求得的地址值落在表长允许的范围内即可，通过哈希函数计算地址构造哈希表来存储查找表；②对不同的关键字可能得到同一哈希地址，把这种现象称为冲突，具有相同哈希地址的关键字叫做同义词。有时哈希函数选择得好可以避免冲突，但是，在一般情况下，冲突是不能完全避免的。

为了构造哈希表进行哈希查找，需要解决以下两个问题：如何确定哈希函数；如何解决冲突。

8.4.2 哈希函数的构造方法

1. 直接定址法

直接定址法是取关键字或关键字的某个线性函数作为哈希地址。即 H(key)=key 或 H(key)=a*key+b，其中 a、b 为常数，调整 a 与 b 的值可以使哈希地址取值范围与存储空间范围一致。这类函数是一一对应函数，不会产生冲突，但要求地址集合与关键字集合大小相同，实际中能用这种哈希函数的情况很少。

例如：有关键字集合{100, 300, 500, 700, 800}，取哈希函数 H(key)=key/100，构造哈希表如图 8.10 所示。

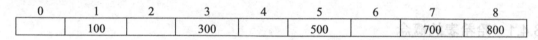

图 8.10　直接定址法构造哈希表示例

2. 数字分析法

数字分析法是假设有一组关键字，每个关键字由几位数字组成，数字分析法是从中提取数字分布比较均匀的若干位作为哈希地址。

例如：关键字集合为{930301, 930302, 930303, 930304, 930305}，数字分析法可以取关键字的最后一位作为哈希地址。

3. 平方取中法

平方取中法是对关键字平方后，按哈希表大小，取中间的若干位作为哈希地址。由于平方后的中间几位数与原关键字的每一位数字都相关，只要原关键字的分布是随机的，以平方后的中间几位数作为哈希地址也一定是随机分布的。

例如：有关键字集合{0100, 0110, 1010, 1001, 0111}，表长范围为 0～1000，将关键字平方后得{0010000, 0012100, 1020100, 1002001, 0012321}，取中间三位作为关键字的哈希地址，即{100, 121, 201, 020, 123}。

4. 除留余数法

除留余数法是一种最简单也最常用的构造哈希函数的方法。选择一个适当的正整数 p，用 p 去除关键字，取余数作为哈希地址，即 H(key)=key%p。一般选择 p 为小于或等于哈希表长度 m 的某个最大素数。

哈希函数的构造方法还有随机数法和折叠法等，有兴趣的读者可参考有关资料。

8.4.3　处理冲突的方法

1. 开放地址法

所谓开放地址法就是在表中某个存储单元发生冲突时，去探测未存储数据的空存储单元，将关键字存在空的存储单元。寻找空存储单元的方法很多，下面介绍两种常用的方法。

1) 线性探查法

假设哈希表长为 m，关键字个数为 n，将哈希表看成一个环形表，若在 d 单元发生冲突，则依次探查 d+1, d+2, …, m-1, 0, 1, …, d-1 单元，直到找到一个空的存储单元，把发生冲突的关键字存入该单元即可。用线性探查法解决冲突，求下一个开放地址的公式为：

$d_i=(d+i)\%m \qquad i=1, 2, \cdots, s(1\leq s\leq m-1)$

其中，$d=H(key)$。

【例8.5】 设哈希表长 m=10，关键字序列为{25, 37, 52, 43, 84, 11, 26, 67}，哈希函数 H(key)=key%7，用线性探查法解决冲突，构造这组关键字的哈希表。

根据线性探查法解决冲突的基本思想，构造的哈希表如图 8.11 所示。

哈希地址	0	1	2	3	4	5	6	7	8	9
关键字	84	43	37	52	25	11	26	67		
比较次数	1	1	1	1	1	2	2	4		

图 8.11 用线性探查法构造哈希表示例

利用线性探查法处理冲突易造成堆积现象，这是因为当连续若干个单元被占用后，再哈希到这些单元的元素需要向后探查后面的空闲单元，致使后面的空闲单元被占用，造成更大的堆积。例如：上例中 H(11)=4，H(26)=5，11 和 26 不是同义词，本不该发生冲突，但由于处理同义词 25 和 11 时，11 抢占了 5 单元，造成 26 只能插入到 6 单元中。把这种哈希地址不同的结点，争夺同一个后继哈希地址的现象称为"堆积"。造成堆积的根本原因是探查序列集中在发生冲突的单元的后面，而没有在整个哈希空间分散开。为解决堆积的问题，下面介绍二次探查法。

2) 二次探查法

二次探查法是当在 d 单元发生冲突时，依次去探查 d+i 单元，这里 $i=1^2, -1^2, 2^2, -2^2, \cdots$。由此可知，发生冲突时，求下一个开放地址的公式为：

$$d_{2i-1}=(d+i^2)\%m$$
$$d_{2i}=(d-i^2)\%m \qquad (1\leq i\leq (m-1)/2)$$

虽然二次探查法减少了堆积的可能性，但是二次探查法不容易探查到整个哈希表空间。

2. 拉链法

拉链法处理冲突的方法是将哈希地址相同的关键字链接形成一个单链表，每个单链表第一个结点的地址对应存储在哈希表相应的存储单元中。

【例8.6】 设哈希表长 m=13，哈希函数为 H(key)=key%13，给定的一组关键字为(33, 29, 20, 01, 26, 12, 75, 46, 39, 64, 27, 85)，用拉链法解决冲突，构造这组关键字的哈希表。

采用拉链法处理冲突构造哈希表如图 8.12 所示。

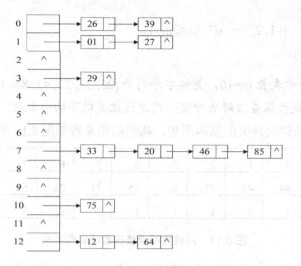

图 8.12 拉链法处理冲突构造哈希表示例

8.4.4 哈希表的查找

哈希表的查找就是根据给定的值 k，计算 H(k)，得到哈希地址，然后到哈希表对应的地址空间去查找，若该单元为空，则查找失败，否则，将该地址单元的关键字与给定值 k 作比较，若相等则查找成功，若不等，则根据造表时解决冲突的方法寻找下一个结点(或地址)空间，反复进行，直到查找成功或找到一个未用的空间(失败)为止。

哈希表查找的效率分析：虽然哈希表在关键字与记录的存储位置之间建立了直接映像，但由于冲突的存在，使得哈希表查找过程仍然是一个给定值和关键字进行比较的过程。因此，仍需以平均查找长度来衡量哈希表的查找效率。以例 8.5 和例 8.6 为例，计算查找成功的平均查找长度。

例 8.5 采用线性探查法处理冲突，在记录的查找概率相等的前提下，其查找成功的 $ASL=\frac{1}{8}(1+1+1+1+1+2+2+4)=1.625$。除了计算查找成功的平均查找长度，还经常计算查找不成功的平均查找长度，可将哈希地址分别等于 0, 1, 2, …, 9 时，确定查找不到而需要比较关键字的次数加起来，除以哈希地址的总个数 10，即得查找不成功的 $ASL=\frac{1}{10}(9+8+7+6+5+4+3+2+1+1)=4.6$，查找不成功的 ASL 越小，效率越高。

例 8.6 中采用拉链法处理冲突，在记录的查找概率相等的前提下，其查找成功的 $ASL=\frac{1}{12}(1\times 6+2\times 4+3+4)=1.75$。查找不成功的 $ASL=\frac{1}{13}(2+2+1+4+1+2)\approx 0.92$。

8.5 查找的应用

【例8.7】若线性表中各结点的查找概率不等，则可用如下策略提高顺序查找的效率：若找到指定的结点，则将该结点和其前驱(若存在)结点交换，使得经常被查找的结点尽量位于表的前端。试对线性表的顺序存储结构写出实现上述策略的顺序查找算法。

```
#define MAXSIZE 100
#define KEYTYPE int
typedef struct
{   KEYTYPE key;
}SEQLIST;
int seqsearch1(SEQLIST *r,int n,KEYTYPE k)
{   int i;
    SEQLIST temp;
    i=1;
    r[n+1].key=k;
    while(r[i].key!=k)
        i++;
    if((i!=1)&&(i<n+1))
    {   temp=r[i];
        r[i]=r[i-1];
        r[i-1]=temp;
        i--;
    }
    return(i%(n+1));
}
main()
{   SEQLIST a[MAXSIZE];
    int n,k,i;
    scanf("%d",&n);
    for(i=1;i<=n;i++)
        scanf("%d" ,&a[i].key);
    printf("输入待查元素关键字：");
    scanf("%d",&k);
    i=seqsearch1(a,n,k);
    if (i==0)
        printf("表中待查元素不存在");
    else
        printf("表中待查元素的位置%d",i);
}
```

【例8.8】编写在线性探查法处理冲突构造的哈希表中查找指定关键字的程序。

设哈希表长为15，哈希函数 H(key)=key%13。

```c
#define m 15
#define KEYTYPE int
#define NULL 0
typedef struct
{   KEYTYPE key;
}HASHTABLE;
int hashsearch(HASHTABLE ht[],KEYTYPE k)        /*查找算法*/
{   int i,d;
    i=0;
    d=k%13;
    while(i<m && ht[d].key!=k && ht[d].key!=NULL)
    {   i++;
        d=(d+1)%m;
    }
    if (ht[d].key!=k)
        d=-1;
    return d;
}
void  print_hashtable(HASHTABLE  ht[])          /*打印哈希表算法*/
{   int i;
    for(i=0;i<m;i++)
        printf("%4d",i);
    printf("\n\n");
    for(i=0;i<m;i++)
        printf("%4d",ht[i].key);
    printf("\n\n");
}
void create(HASHTABLE ht[])                     /*建立哈希表算法*/
{   int i,d;
    for(i=0;i<m;i++)
    ht[i].key=NULL;
    scanf("%d",&i);
    while(i!=0)
    {   d=i%13;
        while(ht[d].key!=NULL)
            d=(d+1)%m;
        ht[d].key=i;
        scanf("%d",&i);
    }
}
main()
```

```
{   int i,k;
    HASHTABLE ht[m];
    create(ht);
    print_hashtable(ht);
    printf("\n输入待查元素： ");
    scanf("%d",&k);
    i=hashsearch(ht,k);
    if (i==-1)
        printf("待查元素不存在\n");
    else
        printf("待查元素存在，位置为：%d",i+1);
}
```

【例8.9】编写在拉链法处理冲突构造的哈希表中查找指定关键字的程序。

设哈希表的长度为15，哈希函数取 H(key)=key%13。

```
#define NULL 0
#define KEYTYPE int
typedef struct node
{   KEYTYPE key;
    struct node *next;
}CHAINHASH;
CHAINHASH *HTC[15];
void create(CHAINHASH *HTC[])
{   CHAINHASH *p;
    int i,j;
    for(i=0;i<15;i++)
        HTC[i]=NULL;
    printf("输入关键字：");
    scanf("%d",&i);
    while(i!=0)
    {   j=i%13;
        p=(CHAINHASH *)malloc(sizeof(CHAINHASH));
        p->key=i;
        p->next=HTC[j];
        HTC[j]=p;
        scanf("%d",&i);
    }
}
void print(CHAINHASH *HTC[])
{   int i;
    CHAINHASH *p;
    for(i=0;i<15;i++)
    {   if(HTC[i]==NULL)
```

```
                printf("%d|^\n",i);
            else
            {   p=HTC[i];
                printf("%d|->",i);
                while(p!=NULL)
                {   printf("%d->",p->key);
                    p=p->next;
                }
                printf("\n");
            }
        }
}
CHAINHASH *search_chain_hash(CHAINHASH *HTC[],KEYTYPE k)
{   CHAINHASH *p;
    int j;
    j=k%13;
    p=HTC[j];
    while((p->key!=k)&&(p!=NULL))
        p=p->next;
    return(p);
}
main()
{   int k;
    CHAINHASH *p;
    create(HTC);
    print(HTC);
    printf("输入待查元素：");
    scanf("%d",&k);
    p=search_chain_hash(HTC,k);
    if(p==NULL)
        printf("待查元素不存在。");
    else
        printf("待查元素为：%d",p->key);
}
```

本 章 小 结

(1) 查找是数据处理中经常使用的一种重要运算。使用平均查找长度来衡量查找算法的时间效率。

(2) 静态查找表的实现包括线性表、有序表，对应的查找方法有顺序查找、二分查找及分块查找。

(3) 动态查找表的实现包括二叉排序树和哈希表，对应的查找方法有二叉排序树查找和哈希查找。

(4) 顺序查找、二分查找、分块查找以及二叉排序树查找是进行结点比较的查找方法，哈希查找则是通过哈希函数直接计算出地址，但由于冲突是不可避免的，所以处理冲突是建立哈希表的一个主要问题。

习　题

一、填空题

1. 采用折半查找算法搜索一个线性表时，此线性表必须是_____存储的_____表。

2. 在具有 20 个元素的有序表上进行二分查找，则比较一次查找成功的结点数为_____，比较两次查找成功的结点数为_____，比较三次查找成功的结点数为_____，比较四次查找成功的结点数为_____，比较五次查找成功的结点数为_____，平均查找长度为_____。

3. 静态查找表的三种不同实现各有优缺点。其中，_____查找效率最低但限制最少。_____查找效率最高但限制最强。而_____查找则介于上述二者之间。

4. 索引顺序表的主表被分成若干块，各块之间_____，块内无序。

5. 设哈希表的长度为 m，初始状态为空，用线性探查法解决冲突，将 n(n<m) 个不同的关键字插入哈希表，如果这 n 个关键字的哈希地址全都相同，则总的探测次数为_____。

6. 对两棵具有相同关键字集合而形状不同的二叉排序树，_____遍历它们得到的序列的顺序是一样的。

二、选择题

1. 顺序查找适合于(　　)存储结构的查找表。

　　A. 压缩　　　　B. 哈希　　　　C. 索引　　　　D. 顺序或链式

2. 设有序表的关键字序列为{1, 4, 6, 10, 18, 35, 42, 53, 67, 71, 78, 84, 92, 99}，当用二分查找查找关键字为 84 的结点时，经(　　)次比较后查找成功。

　　A. 2　　　　　B. 3　　　　　C. 4　　　　　D. 12

3. 与其他查找方法相比，哈希查找法的特点是(　　)。

　　A. 通过关键字比较进行查找

　　B. 通过关键字计算记录存储地址进行查找

　　C. 通过关键字计算记录存储地址，并进行一定的比较进行查找

　　D. 通过关键字比较进行查找，并计算记录存储地址

4. 在哈希函数 H(k)=k%m 中，一般来讲，m 应取(　　)。

　　A. 奇数　　　　B. 偶数　　　　C. 素数　　　　D. 充分大的数

5. 哈希表的地址区间为 0～16，哈希函数为 H(K)=K%17，采用线性探测法解决冲突，将关键字序列 26, 25, 72, 38, 1, 18, 59 依次存储到哈希表中。元素 59 存放在哈希表中的地址为(　　)。

  A. 8   B. 9   C. 10   D. 11

6. 设有 100 个元素，用折半查找法进行查找时，最大、最小比较次数分别是(　　)。

  A. 7, 1   B. 6, 1   C. 5, 1   D. 8, 1

三、判断题

1. 在有序的顺序表和有序的链表上，均可以使用折半查找法来提高查找速度。
　　　　　　　　　　　　　　　　　　　　　　　　　　　　　　　　(　　)

2. 对于同一组待输入的关键字集合，虽然各关键字的输入顺序不同，但得到的二叉排序树是相同的。　　　　　　　　　　　　　　　　　　　　　　　(　　)

3. 哈希法中的冲突指的是具有不同关键字的元素对应于相同的存储地址。(　　)

4. 将一新结点插入二叉排序树中，该结点一定成为叶子结点。　　　　(　　)

5. 任意一棵二叉排序树的平均查找时间都小于用顺序查找算法搜索同一结点的顺序表的平均查找时间。　　　　　　　　　　　　　　　　　　　　　(　　)

四、应用题

1. 画出对长度为 11 的有序表进行二分查找的判定树，并求其等概率时查找成功的平均查找长度。

2. 给定表{19, 14, 22, 66, 21, 83, 10}，试按元素在表中的次序将它们插入一棵初始为空的二叉排序树，画出插入完成之后的二叉排序树。

3. 已知哈希函数为 H(k)=k%13，关键值序列为 19, 14, 23, 01, 68, 20, 84, 27, 55, 11, 10, 79，处理冲突的方法为线性探查法，哈希表长度为 13，试画出该哈希表并计算等概率情况下查找成功和失败时的平均查找长度。

五、算法设计题

1. 编写递归的二分查找算法。
2. 试设计一算法，求出指定结点在给定的二叉排序树中所在的层次。
3. 编写算法，判断一个用二叉链表存储的二叉树是否为二叉排序树。

第 9 章 排 序

学习目标与要求：

本章通过实例引出排序的基本概念，重点介绍了插入排序、交换排序、选择排序及归并排序等几种排序方法，并对各种排序方法进行了算法效率的分析。通过本章的学习，要求掌握如下主要内容。

- 了解排序的定义。
- 熟练掌握各种排序方法的基本思想。
- 掌握各种排序方法时间复杂度的分析方法，并能分析各种排序方法在何种情况下使用。
- 掌握各种排序方法的稳定性。

9.1 基本概念

排序(sorting)是计算机程序设计中的一种重要操作，它的功能是将一组任意序列的数据元素，重新排列成一个按关键字递增或递减的有序序列。

例如，表 9.1 是一个职工工资表，表中包括员工编号、姓名、工资总额三个数据项。

表 9.1 职工工资表

员工编号	姓　名	工资总额
001	王林	2000
002	伍向东	1500
003	何秀丽	1200

排序可以按员工编号进行排序，因为员工编号是记录的主关键字，所以排序后的结果是唯一的，也可以按照工资总额进行排序，因为工资总额是次关键字，所以排序的结果不一定唯一，因为可能有两个或两个以上的员工工资总额是一样的。

下面给排序下一个确切的定义：假设有 n 个记录的序列为 $\{R_1, R_2, \cdots, R_n\}$，其相应的关键字序列为 $\{K_1, K_2, \cdots, K_n\}$，排序是一种操作，它确定一种排列 $\{R_{j1}, R_{j2}, \cdots, R_{jn}\}$，使得它们的关键字满足如下递增(或递减)的关系：$K_{j1} \leq K_{j2} \leq \cdots \leq K_{jn}$，把这样的运算称为排序。

在一组数据中，若 R_i 和 R_j 的关键字相同，即 $K_i = K_j$，排序前 R_i 领先于 R_j，那么当排序后，R_i 和 R_j 的相对次序不变，R_i 仍领先于 R_j，则称此类排序为稳定排序。反之，若在排序后的序列中有可能出现 R_j 领先于 R_i 的情形，则称此类排序为不稳定排序。

根据排序文件所处的位置不同，又把排序分为两类：整个排序过程都是在内存中进行的，适用于排序记录较少时，把这个排序过程称为内部排序。当待排序的文件很大，以致内存不足以存放全部记录时，排序过程中，还要访问外存，把这个排序过程称为外部排序。本章只讨论内部排序。

内部排序的方法很多，但不论哪种排序过程，通常都要进行两种基本操作：

(1) 比较两个记录关键字的大小。

(2) 根据比较结果，将记录从一个位置移到另一个位置。

因此，在分析排序算法的时间复杂度时，主要分析关键字的比较次数和记录的移动次数。

本章讨论排序算法均使用顺序结构存储，且按关键字递增顺序排序。涉及记录的数据结构如下：

```
#define MAXSIZE 100
#define KEYTYPE int
typedef struct
{   KEYTYPE key;
}RECORDNODE;
```

为了讨论方便，这里假设记录中只包含一个数据项即关键字项，且为整型数据。

9.2 插 入 排 序

9.2.1 直接插入排序

直接插入排序是一种最简单的排序方法。它的基本思想是：首先将第一个记录看成是已排好序的子序列，从第二个记录开始至第 n 个记录，每次将待排序记录插入到前面已排好序的序列的适当位置，直到全部记录排好序为止。

【例 9.1】有一组待排序记录，其关键字序列为{48, 36, 25, 90, 13, 36′}，按照直接插入排序方法的思想给出排序过程。

排序过程如图 9.1 所示。

关键字序列存储在数组从 1 开始的单元中，首先把第一个记录 48 看成是排好序的序列，从第二个元素开始作插入排序，每趟排序将一个记录插入到前面已排好序的序列中。以第二趟排序处理第三个记录为例，这时前面两个记录已按关键字 36，48 排好序，将待排序记录存储在 r[0]单元中，这样是为了防止在比较的过程中发生越界，将 r[0]设置成监视哨，然后将 r[0]中的关键字与排好序序列的最后一个记录即 r[2]中的关键字作比较，以便寻找合适的插入位置，因 r[0]的关键字小于 r[2]中的关键字，所以将 r[2]后移至 r[3]，然后再向前比较，同理 r[0]中的关键字仍小于 r[1]中的关键字，将 r[1]后移至 r[2]中，然后再向前比较，出现 r[0]的关键字等于 r[0]的关键字，比较结束，将 r[0]复制到 r[1]中，完成一趟排序的过程。以此类推，n 个元素共需经过 n-1 趟完成整个排序过程。

```
              r[0]  r[1] r[2] r[3] r[4] r[5] r[6]
排序前        [48]  36   25   90   13   36'
i=2 第一趟   (36)  [36  48]  25   90   13   36'
i=3 第二趟   (25)  [25  36   48]  90   13   36'
i=4 第三趟   (90)  [25  36   48   90]  13   36'
i=5 第四趟   (13)  [13  25   36   48   90]  36'
i=6 第五趟   (36') [13  25   36   36'  48   90]
```

图 9.1　直接插入排序示例

直接插入排序算法描述如下：

```
void insertsort(RECORDNODE r[ ],int n)
{   int i,j;
    for(i=2;i<=n;i++)
    {   r[0]=r[i];               /*r[0]是监视哨*/
        j=i-1;                   /*j 表示前面排好序序列的最后一个元素的位置*/
        while(r[0].key<r[j].key) /*确定插入位置*/
        {   r[j+1]=r[j];
            j--;}
        r[j+1]=r[0];             /*元素插入*/
    }
}
main()
{   RECORDNODE r[7];
    int i;
    for(i=1;i<=6;i++)
        scanf("%d",&r[i]);
    insertsort(r,6);
    for(i=1;i<=6;i++)
        printf("%d",r[i]);
}
```

算法分析：

向有序表中逐个插入记录的操作，进行了 n-1 趟，每趟操作分为比较关键字和移动记录，而比较的次数和移动记录的次数取决于待排序列初始关键字的排列情况。

(1) 最好情况下，待排序数据已经递增有序，则每趟只需将 r[0]中的关键字与 r[j]中的关键字比较 1 次，比较之后并不进入 while 循环，但之前需将 r[i]中的数据复制到 r[0]中，之后需将 r[0]中的数据复制到 r[j+1]中，所以共移动两次数据，用 C_{min} 和 M_{min} 分别表示排序过程中的最少比较和移动次数，则 $C_{min}=n-1$, $M_{min}=2(n-1)$。

(2) 最坏情况下，待排序数据逆序排列，每趟排序需比较 i+1 次，移动 i+2 次，用 C_{max} 和 M_{max} 分别表示排序过程中的最多比较和移动次数，则

$$C_{max} = \sum_{i=1}^{n-1}(i+1) = (n+2)(n-1)/2$$

$$M_{max} = \sum_{i=1}^{n-1}(i+2) = (n-1)(n+4)/2$$

由上述分析可知，最好情况下，算法的时间复杂度为 O(n)，最坏情况下，算法的时间复杂度为 $O(n^2)$。可以证明，直接插入排序算法的平均时间复杂度也是 $O(n^2)$。算法所需的辅助空间是一个监视哨，故空间复杂度为 O(1)。直接插入排序是一个稳定的排序方法。

9.2.2 希尔排序

希尔排序(Shell Sort)又称缩小增量排序，它是对直接插入排序的一种改进方法。希尔排序的基本思想是首先将待排序记录分割成若干个子序列，分别对每个子序列进行直接插入排序，待整个序列中的记录基本有序时，再对全体序列进行一次直接插入排序。希尔排序的具体过程是：首先以 $d_1(d_1<n)$ 为步长，将全部记录分成 d_1 个组，使距离为 d_1 的元素在同一组中，接着在每个组内进行直接插入排序；然后再以 $d_2(d_2<d_1)$ 为步长，在上一步排序的基础上，把 n 个元素重新分为 d_2 个组，使下标距离为 d_2 的元素在同一组中，接着再在每个组内进行直接插入排序；以此类推，直到 $d_m=1$，把所有 n 个元素看作为一组，进行直接插入排序为止。对间隔值(用 d 表示)的取法有多种，希尔提出的方法是：$d_1=\lfloor n/2 \rfloor$，$d_{i+1}=\lfloor d_i/2 \rfloor$，最后一次排序的间隔值必须为 1，其中 n 为记录数。

【例 9.2】有一组待排序记录，其关键字序列为 {48, 36, 25, 90, 13, 36′, 87, 56, 23, 9}，按照希尔排序的方法给出排序过程。

按照希尔排序，其排序过程如图 9.2 所示。

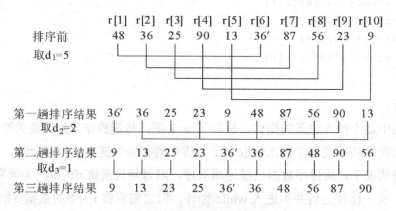

图 9.2 希尔排序示例

希尔排序算法描述如下：

```
void shellsort(RECORDNODE r[ ],int n)
{   int d,i,j;
    d=n/2;                          /*取初始增量*/
    while(d>0)
    {   for(i=d+1;i<=n;i++)         /*对每组进行直接插入排序*/
        {   r[0]=r[i];
            j=i-d;                  /*确定每组中r[i]前一个位置*/
            while(j>0&&r[0].key<r[j].key)
            {   r[j+d]=r[j];
                j=j-d;
            }
            r[j+d]=r[0];
        }
        d=d/2;                      /*缩小步长值*/
    }
}
main()
{   RECORDNODE r[11];
    int i;
    for(i=1;i<=10;i++)
        scanf("%d",&r[i]);
    shellsort(r,10);
    for(i=1;i<=10;i++)
        printf("%d",r[i]);
}
```

算法分析：

希尔排序时效分析很难，关键字的比较次数与记录移动次数依赖于步长的选取，它的排序速度一般要比直接插入排序快，一般认为在 $O(\log_2 n)$ 和 $O(n^2)$ 之间。希尔排序是一种不稳定的排序方法。

9.3 交换排序

9.3.1 冒泡排序

冒泡排序是一种简单的排序方法，其基本思想是：首先将第一个记录和第二个记录做比较，若逆序即 r[1].key>r[2].key，则将两个记录交换，然后再比较第二个记录和第三个记录，以此类推，直到第 n-1 个记录和第 n 个记录比较结束，这样完成一趟冒泡排序，第一趟排序结束后，最大的记录被交换到第 n 个位置；之后再对前面 n-1 个记录依前面的过程进行第二趟冒泡排序，将关键字次大的记录交换到第 n-1 个位置。一般的，第 i 趟排序是从位置 1 到位置 n-i+1 依次比较相邻两个记录的关键字，并在逆序时交换相邻的记录，其结果是这 n-i+1 个记录中关键字最大的记录被交换到 n-i+1 的位置上。整个排序过程需进行 k(1≤k<n)趟冒泡排序。

【例 9.3】有一组待排序记录，其关键字序列为{48, 36, 25, 90, 13, 36′}，按照冒泡排序方法的思想给出排序过程。

按照冒泡排序方法，其排序过程如图 9.3 所示。

```
          r[1]  r[2]  r[3]  r[4]  r[5]  r[6]
排序前     48    36    25    90    13    36′
第一趟    36    25    48    13    36′   90
第二趟    25    36    13    36′   48    90
第三趟    25    13    36    36′   48    90
第四趟    13    25    36    36′   48    90
第五趟    13    25    36    36′   48    90
```

图 9.3　冒泡排序示例

从上例可以看出，6 个待排序记录，共经过 5 趟冒泡排序，但在第 4 趟排序结束后，数据已经有序了，由此得出冒泡排序结束的条件：在某一趟排序过程中没有进行记录的交换操作，则可认为排序结束。我们把这种方法称为改进了的冒泡排序方法，用此方法可以节省排序时间。

冒泡排序算法描述如下：

```c
void bubblesort(RECORDNODE r[ ],int n)
{   int i,j;
    for(i=1;i<n;i++)
        for(j=1;j<=n-i;j++)
            if(r[j].key>r[j+1].key)
            {   r[0]=r[j];
                r[j]=r[j+1];
                r[j+1]=r[0];
            }
}
```

改进后的冒泡排序算法描述如下：

```c
void bubblesortg(RECORDNODE r[ ],int n)
{   int i,j,noswap;
    for(i=1;i<n;i++)
    {   noswap=1;                    /*设交换标志，noswap=1 为未交换*/
        for(j=1;j<=n-i;j++)
            if(r[j].key>r[j+1].key)
```

```
            { noswap=0;                    /*准备交换*/
              r[0]=r[j];r[j]=r[j+1];r[j+1]=r[0];
            }
        if(noswap)                         /*未交换,排序结束*/
            break;
    }
}
main()
{   RECORDNODE r[7];
    int i;
    for(i=1;i<=6;i++)
        scanf("%d",&r[i]);
    bubblesortg(r,6);
    for(i=1;i<=6;i++)
        printf("%d",r[i]);
}
```

算法分析:

(1) 最好情况下,原数据按递增排列有序,改进后的冒泡排序算法共需比较数据 n-1 次,移动数据 0 次。

(2) 最坏情况下,原数据逆序排列,则需要进行 n-1 趟排序,每趟排序要进行 n-i 次关键字的比较,且每次比较都必须移动记录三次来交换记录的位置。此时,比较和移动次数均达到最大值:

$$C_{max} = \sum_{i=1}^{n-1}(n-i) = n(n-1)/2$$

$$M_{max} = \sum_{i=1}^{n-1}3(n-i) = 3n(n-1)/2$$

因此,冒泡排序最好情况下的时间复杂度为 $O(n)$,最坏情况下的时间复杂度为 $O(n^2)$。它的平均时间复杂度也是 $O(n^2)$。冒泡排序是一种稳定排序。

9.3.2 快速排序

快速排序的基本思想是:通过一趟快速排序用一个记录(也称为支点、枢轴或基准记录)将待排序记录分成前后两部分,前一部分的关键字均比后一部分的关键字小,则支点的位置就确定了,然后再对前后两部分的记录进行快速排序,直到每个部分为空或只包含一个记录,整个快速排序结束。

假设数组的 0 单元不存储数据,用 r[0]暂存支点记录。一趟快速排序的过程如下:

(1) 设置两个整数变量 i,j,初始 i,j 分别指向待排序记录的第一个元素和最后一个元素,将 r[i]复制到 r[0]中。

(2) 从 j 所指记录开始,比较 r[j].key 和 r[0].key,若 r[j].key>r[0].key,则 j--,重复这

个过程,直到找到一个小于 r[0].key 的记录为止,将该记录复制到位置 i 处。

(3) 修改 i=i+1,从 i 所指记录开始,依次向后比较 r[i].key 和 r[0].key,若 r[i].key<r[0].key,则 i++,重复这个过程,直到找到一个大于 r[0].key 的记录,将该记录复制到位置 j 处。

(4) 修改 j=j-1,重复(2)和(3)过程,直到 i=j 结束。

(5) 将 r[0]复制到位置 i(j)处。

【例 9.4】有一组待排序记录,其关键字序列为{23, 36, 10, 48, 7, 36′, 90, 18},按照快速排序方法的思想给出排序过程。

按照快速排序方法,排序过程如图 9.4 所示。

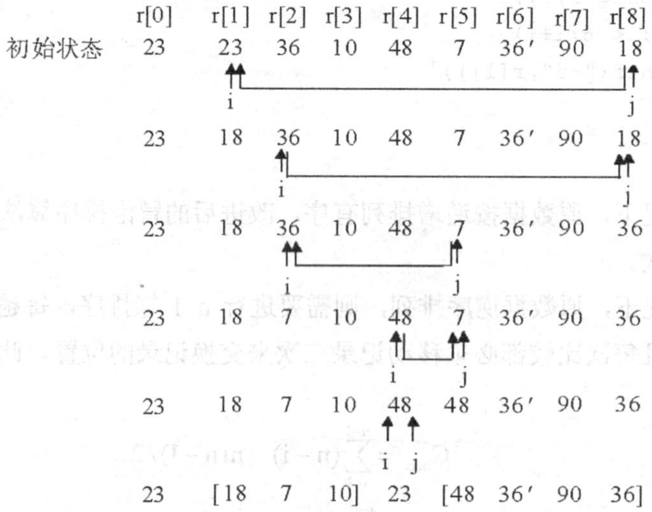

```
              r[0] r[1] r[2] r[3] r[4] r[5] r[6] r[7] r[8]
初始状态       23   23   36   10   48   7    36′  90   18
                    ↑i                                 ↑j

               23   18   36   10   48   7    36′  90   18
                         ↑i                       ↑j

               23   18   36   10   48   7    36′  90   36
                         ↑i              ↑j

               23   18   7    10   48   7    36′  90   36
                                   ↑i ↑j

               23   18   7    10   48   48   36′  90   36
                                   ↑i ↑j

               23  [18   7    10]  23  [48   36′  90   36]
```

(a) 一趟快速排序过程

```
初始状态:         23        36        10     48       7      36′      90      18
一趟快速排序后:  [18        7         10]    23      [48      36′      90      36]
递归快速排序:    [10        7]        18
                 [7]       10
                                                     [36      36′      48      [90]
                                                      36      [36′]
最终结果:         7         10        18     23       36      36′      48      90
```

(b) 快速排序全过程

图 9.4 快速排序示例

快速排序算法描述如下:
```
int part(RECORDNODE r[ ],int low,int high)
{                        /*返回一趟快速排序后被定位的基准记录的位置*/
    int i,j;
```

```
        i=low;j=high;                  /*low 和 high 为记录序列的下界和上界*/
        r[0]=r[i];
        while(i<j)
        {   while(i<j&&r[j].key>=r[0].key)   /*在序列的右端扫描*/
                j--;
            if (i<j)
            {   r[i]=r[j];i++;}
            while(i<j&&r[i].key<=r[0].key)   /*在序列的左端扫描*/
                i++;
            if (i<j)
            {   r[j]=r[i];j--;}
        }
        r[i]=r[0];
        return i;
    }
    void quicksort(RECORDNODE r[ ],int start,int end)
    {                               /* 对 r[start]到 r[end]进行快速排序*/
        int i;
        if (start<end)              /*只有一个记录或无记录时无须排序*/
        {   i=part(r,start,end);    /*对 r[start]到 r[end]进行一趟快速排序*/
            quicksort(r,start,i-1); /*递归处理左区间*/
            quicksort(r,i+1,end);   /*递归处理右区间*/
        }
    }
    main()
    {   RECORDNODE r[9];
        int i;
        for(i=1;i<=8;i++)
            scanf("%d",&r[i]);
        quicksort(r,1,8);
        for(i=1;i<=8;i++)
            printf("%d",r[i]);
    }
```

算法分析：

(1) 快速排序的最好情况是每次选定的支点记录都将待排序记录划分成左右两个独立等长的子序列。

设 C(n)表示对长度为 n 的序列进行快速排序所需的比较次数，显然，它应该等于对长度为 n 的无序区进行一次快速排序所需的比较次数 n-1，加上递归地对一次快速排序所得的左右两个无序子区(长度≤n/2)进行快速排序所需的比较次数。假设文件长度 $n=2^k$，则 $k=\log_2 n$，那么总的比较次数为：

C(n)≤n+2C(n/2)

$\leq n+2[n/2+2C(n/2^2)]=2n+4C(n/2^2)$

$\leq 2n+4[n/4+2C(n/2^3)]=3n+8C(n/2^3)$

$\leq \cdots$

$\leq kn+2kC(n/2^k)=n\log_2 n+nC(1)$

$=O(n\log_2 n)$

(2) 最坏情况是每趟快速排序选取的基准都是当前无序区中关键字最小(或最大)的记录,排序的结果是基准左边的无序子区(或右边的无序子区)为空,排序前后无序区的元素个数减少一个,因此,排序必须进行 n-1 趟,每一趟中需进行 n-i 次比较,故总的比较次数达到最大值:

$$C_{max}=\sum_{i=1}^{n-1}(n-i)=n(n-1)/2=O(n^2)$$

因为快速排序的记录移动次数不会大于比较次数,所以,快速排序的最坏时间复杂度为 $O(n^2)$,最好时间复杂度为 $O(n\log_2 n)$。可以证明快速排序的平均时间复杂度也是 $O(n\log_2 n)$。在同数量级的排序方法中,快速排序的平均性能最好。但是当原文件关键字有序时,快速排序的时间复杂度为 $O(n^2)$,而这时冒泡排序的时间复杂度为 $O(n)$。可见算法的优劣不是绝对的,在序列基本排好序的情况下,要避免使用快速排序方法。

快速排序是不稳定的排序方法。

9.4 选 择 排 序

9.4.1 直接选择排序

直接选择排序也是一种简单的排序方法。它的基本思想是:第一趟,从待排序记录中选出最小关键字的记录与第一个记录交换,第二趟再从剩余的数据中选出具有最小关键字的记录与第二个记录交换,以此类推,共进行 n-1 趟排序,将所有记录排好序。

【例 9.5】有一组待排序记录,其关键字序列为 {23, 12, 25, 36, 36′, 9},按照直接选择排序方法的思想给出排序过程。

按照直接选择排序方法,排序过程如图 9.5 所示。
直接选择排序算法描述如下:

```
void selectsort(RECORDNODE r[ ],int n)
{   int i,j,k;
    for(i=1;i<=n-1;i++)                         /*共进行 n-1 趟排序*/
    {   k=i;
        for(j=i+1;j<=n;j++)
            if(r[j].key<r[k].key)
                k=j;                            /*k 跟踪最小关键字的位置*/
```

```
            if(k!=i)
            {   r[0]=r[i];r[i]=r[k];r[k]=r[0];}
        }
}
main()
{   RECORDNODE r[7];
    int i;
    for(i=1;i<=6;i++)
        scanf("%d",&r[i]);
    selectsort(r,6);
    for(i=1;i<=6;i++)
        printf("%d",r[i]);
}
```

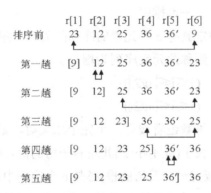

图 9.5 直接选择排序示例

算法分析：

(1) 最好情况下，原数据已按递增顺序排列有序，这时只需比较关键字的值，第 i 趟需比较 n-i 次，总的比较次数为 $C = \sum_{i=1}^{n-1}(n-i) = n(n-1)/2$，不需要移动记录，移动次数为 0。

(2) 最坏情况下，原数据逆序排列，比较次数和正序排列时一样，总的比较次数仍为 $C = \sum_{i=1}^{n-1}(n-i) = n(n-1)/2$，每趟排序需移动 3 次记录，总的移动次数为 3(n-1)。

直接选择排序的平均时间复杂度为 $O(n^2)$。从例题中可以看出，直接选择排序是不稳定的排序方法。

9.4.2 堆排序

下面介绍另外一种选择排序——树形排序。我们将待排序数据构成一个完全二叉树，叶结点是待排序记录的关键字，每个非终结结点的值是其左右子树中较小的关键字，最后得到根结点的值是所有关键字中的最小值，把根结点的值输出，然后将根结点所对应的叶结点的值改为∞，按上述原则调整该二叉树，再输出根结点的值，再调整，直到所有记录输出，把这种排序方法称为树形选择排序。对例 9.5 给出的记录使用树形选择排序输出前三个记录的过程如图 9.6 所示。

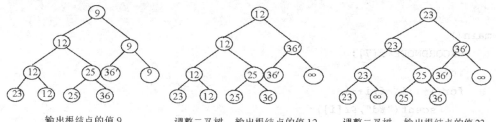

图9.6 使用树形排序输出前三个记录过程示例

由于树形选择排序占用了较多的存储空间，为了克服这一缺点，威洛姆斯在 1964 年提出了另一种形式的选择排序——堆排序。

下面引入堆的概念，假定具有 n 个元素的序列的关键字序列为$\{k_1, k_2, \cdots, k_{n-1}, k_n\}$，若它们满足下面的特性之一，则称此元素序列为堆。

(1) $k_i \leqslant k_{2i}$ 且 $k_i \leqslant k_{2i+1}$ $(1 \leqslant i \leqslant \lfloor n/2 \rfloor)$

(2) $k_i \geqslant k_{2i}$ 且 $k_i \geqslant k_{2i+1}$ $(1 \leqslant i \leqslant \lfloor n/2 \rfloor)$

若将和此序列对应的一维数组看成是一个完全二叉树，则堆的含义表明，完全二叉树中所有非终结结点的值均不大于(或不小于)其左右子树的值。由此可见，若序列$\{k_1, k_2, \cdots, k_{n-1}, k_n\}$是堆，则堆顶元素(或完全二叉树的根)必是 n 个序列中的最小值(或最大值)。把满足特性(1)的堆，称之为小根堆，满足特性(2)的堆，称之为大根堆。在本书中没有特别指明的都指的是大根堆。例如，有关键字序列{108, 95, 68, 72, 33, 14}满足(2)的条件，所以是大根堆。其对应的完全二叉树如图 9.7 所示。

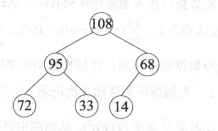

图 9.7 堆的示例

堆排序的思想是：将原始记录按关键字建成一个大根堆，然后将堆顶元素与最后一个元素交换，调整其余 n-1 个数据成为大根堆，重复上述过程，直到所有元素排好序。

因此，实现堆排序需解决两个问题：

(1) 如何将 n 个记录按关键字建成大根堆。

(2) 怎样调整剩余元素，使其按关键字成为一个新堆。

先来解决第一个问题：将 n 个记录按关键字建成大根堆。对初始序列建堆的过程，就是一个反复进行筛选的过程。对于有 n 个结点的无序序列，把它看成一个完全二叉树，所有 $i>\lfloor n/2 \rfloor$ 的结点 k_i 都没有孩子结点，可以把这些叶结点看成是一个个堆。从第 $\lfloor n/2 \rfloor$ 个结点为根的子树开始筛选，将根、左孩子、右孩子的关键字值放在一起进行比较，把最大值调整到根的位置，使该子树成为大根堆，之后向前依次对各结点为根的子树按上述方法进行筛选，使之成为大根堆，直到根结点。如果在调整的过程中破坏了某个大根堆，则需回过头来将其重新调整成大根堆，直到所有子树及整个二叉树都满足大根堆的要求。

【例 9.6】有 6 个待排序记录，其关键字序列为 {32, 8, 45, 15, 70, 92}，将其建成一个大根堆。

建立大根堆的过程如图 9.8 所示。

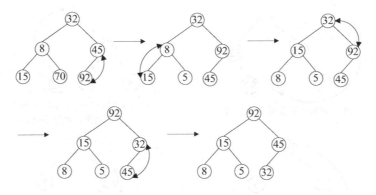

图 9.8　建立大根堆过程示例

建立初始堆的筛选算法描述如下：

```
void sift(RECORDNODE r[ ],int i,int m)
{/*对编号为 i 到 m 的结点建立大根堆*/
    int j;
    RECORDNODE temp;
    temp=r[i];
    j=2*i;                     /*让 j 指向 i 的左孩子*/
    while(j<=m)                /*若 i 有左孩子*/
    {   if (j<m&&r[j].key<r[j+1].key)   /*比较左孩子和右孩子关键字的大小*/
            j++;               /*j 指向 r[i]的右孩子*/
        if (temp.key<r[j].key)          /*孩子结点的关键字较大*/
        {   r[i]=r[j];         /*将 r[j]换到双亲位置上*/
            i=j;
            j=2*i;             /*修改当前被调整结点*/
        }
        else
            break;             /*调整完毕，退出循环*/
    }
    r[i]=temp;                 /*最初被调整结点放入正确位置*/
}
```

下面说明堆排序的过程：利用以上算法，建好大根堆后，将 r[1] 与 r[n] 调换，最大关键字的记录就排在了最后，再对余下的 n-1 个记录，利用 sift 算法重新建立大根堆，再将堆的根结点和最后的结点调换，如此重复，最后整个序列成为按照关键字有序的序列。图 9.9 给出了一个堆排序的示例。

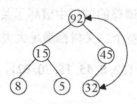
(a) 初始大根堆

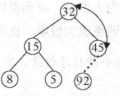
(b) 堆顶元素和最后一个元素交换，并用虚线连接

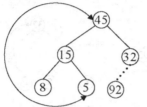
(c) 调整剩余数据成为大根堆

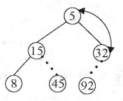
(d) 堆顶元素和最后一个元素交换，并用虚线连接

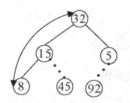
(e) 调整剩余数据成为大根堆

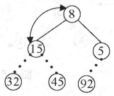
(f) 堆顶元素和最后一个元素交换，并用虚线连接

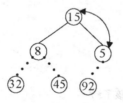
(g) 调整剩余数据成为大根堆

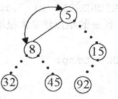
(h) 堆顶元素和最后一个元素交换，并用虚线连接

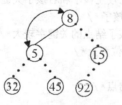
(i) 调整剩余数据成为大根堆

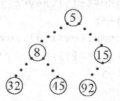
(j) 堆顶元素和最后一个元素交换，并用虚线连接，所有连接线均变为虚线时，按顺序输出排好序的数据

图 9.9 堆排序示例

下面给出堆排序算法：

```
void heapsort(RECORDNODE r[ ],int n)     /*对r[1]到r[n]进行堆排序*/
{   int i;
    RECORDNODE temp;
    for(i=n/2;i>=1;i--)                  /*建初始堆*/
        sift(r,i,n);
    for(i=n;i>1;i--)                     /*进行n-1趟堆排序*/
    {   temp=r[1];                       /*当前堆顶记录和最后一个记录交换*/
        r[1]=r[i];
        r[i]=temp;
        sift(r,1,i-1);                   /*r[1]到r[i-1]重建成堆*/
    }
}
main()
{   RECORDNODE r[7];
    int i;
    for(i=1;i<=6;i++)
        scanf("%d",&r[i]);
    heapsort(r,6);
    for(i=1;i<=6;i++)
        printf("%d",r[i]);
}
```

算法分析：

堆排序适合于待排序记录较多的情况，从堆排序的算法知道，堆排序所需的比较次数是建立初始堆与重新建堆所需的比较次数之和，其平均时间复杂度和最坏时间复杂度均为$O(nlog_2n)$。它是一种不稳定的排序方法。

9.5 归并排序

本节介绍二路归并排序。"归并"的含义就是将两个或两个以上的有序表合成一个新的有序表。二路归并就是将 n 个待排序记录分别看成 n 个有序子序列，然后两两归并，得到 $\lceil \frac{n}{2} \rceil$ 个长度为 2 或 1 的有序子序列；再进行两两归并，如此重复，直到得到一个长度为 n 的有序序列为止。

【例9.7】有一组待排序记录，其关键字序列为{48, 36, 25, 90, 13, 36'}，按照二路归并排序方法的思想给出排序过程。

按照二路归并排序方法，排序过程如图 9.10 所示。数据从数组的 0 单元放起。

二路归并排序的基本操作是将两个有序表合并为一个有序表。假设一维数组的 r[low]

到 r[m]和 r[m+1]到 r[high]分别存储两个有序子序列(low≤m≤high),将两个有序子序列合并成一个有序序列的方法是:设置 i 和 j 两个整型指针,初始分别指向两个子序列的起始位置;设置一个辅助数组 r1,用整型指针 k 指向数组 r1 的起始位置。在进行合并时,依次比较 r[i]和 r[j]的关键字,将关键字较小的记录存储到 r1[k]中,然后,将 r1 的下标 k 加 1,同时将指向关键字较小记录的标志加 1,重复上面的步骤,直到 r 中的所有记录全部复制到 r1 中为止,最后将 r1 中的记录都复制到 r 中去。

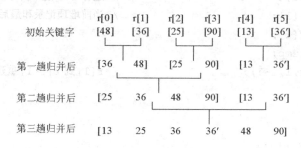

图 9.10 二路归并排序示例

两个有序子序列合并成一个有序序列的算法如下:

```
void merge(RECORDNODE r[ ],int low,int m,int high)
{   RECORDNODE r1[MAXSIZE];
    int i,j,k;
    i=low;j=m+1;k=0;
    while(i<=m&&j<=high)
        if (r[i].key<=r[j].key)
        {   r1[k]=r[i];k++;i++;}
        else
        {   r1[k]=r[j];k++;j++;}
    while(i<=m)
    {   r1[k]=r[i];k++;i++;}              /*复制第一个区域的剩余部分*/
    while(j<=high)
    {   r1[k]=r[j];k++;j++;}              /*复制第二个区域的剩余部分*/
    for(i=low,k=0;i<=high;i++,k++)
        r[i]=r1[k];
}
```

一趟归并排序的操作是,调用 $\left\lceil \dfrac{n}{2*length} \right\rceil$ 次 merge 算法将存储在 r 数组中前后相邻且长度为 length 的有序序列进行两两归并,得到前后相邻且长度为 2*length 的有序序列。

一趟归并排序算法如下:

```
void mergepass(RECORDNODE r[ ],int length,int n)
{   int i,j;
    i=0;
    while(i+2*length-1<n)
```

```
        { merge(r,i,i+length-1,i+2*length-1);    /*两个子序列长度相等的情况*/
            i=i+2*length;
        }
        if (i+length-1<n-1)              /*剩下两个子序列中，有一个长度小于length*/
            merge(r,i,i+length-1,n-1);
}
```

对原始序列的二路归并排序是进行若干次的一趟归并排序，只需要在子序列的长度 length 小于 n 时，不断地调用 mergepass 进行排序，每调用一次，length 增大一倍，就可以了，length 的初值是 1。算法描述如下：

```
void mergesort(RECORDNODE r[ ],int n)
{   int length=1;
    while(length<n)
    {   mergepass(r,length,n);
        length=2*length;
    }
}
main()
{   RECORDNODE r[6];
    int i;
    for(i=0;i<=5;i++)
        scanf("%d",&r[i]);
    mergesort(r,6);
    for(i=0;i<=5;i++)
        printf("%d",r[i]);
}
```

算法分析：

对 n 个记录做二路归并排序，必须做 $\lceil \log_2 n \rceil$ 趟归并，每趟归并的时间复杂度为 O(n)，所以二路归并排序算法的时间复杂度为 $O(n\log_2 n)$，归并排序是稳定的排序方法。

9.6 各种内部排序方法的比较

本章介绍了七种内部排序方法，其性能比较如表 9.2 所示。

表 9.2 七种排序方法的比较

排序方法	最好时间	平均时间	最坏时间	辅助空间	稳定性
直接插入排序	O(n)	$O(n^2)$	$O(n^2)$	O(1)	稳定
希尔排序		$O(n^{1.25})$		O(1)	不稳定
冒泡排序	O(n)	$O(n^2)$	$O(n^2)$	O(1)	稳定

续表

排序方法	最好时间	平均时间	最坏时间	辅助空间	稳定性
快速排序	$O(n\log_2 n)$	$O(n\log_2 n)$	$O(n^2)$	$O(n\log_2 n)$	不稳定
直接选择排序	$O(n^2)$	$O(n^2)$	$O(n^2)$	$O(1)$	不稳定
堆排序	$O(n\log_2 n)$	$O(n\log_2 n)$	$O(n\log_2 n)$	$O(1)$	不稳定
归并排序	$O(n\log_2 n)$	$O(n\log_2 n)$	$O(n\log_2 n)$	$O(n)$	稳定

一个好的排序方法所需要的比较次数和占用存储空间应该要少。从表 9.2 可以看出，每种排序方法各有优、缺点，不存在十全十美的排序方法，因此，在不同的情况下可以选择不同的方法，选择排序方法时，一般需要考虑以下几点：

(1) 算法的简单性。它分为简单算法和改进后的算法，简单算法有直接插入、直接选择和冒泡法，这些方法都简单明了。改进后的算法有希尔排序、快速排序、堆排序等，这些算法比较复杂。

(2) 待排序的记录数多少。记录数越少越适合简单算法，相反，记录数越多则越适合改进后的算法，这样，算法效率可以明显提高。

除以上所述外，选择排序方法时还应考虑到对排序稳定性的要求、关键字的结构及初始状态，以及算法的时间复杂度和空间复杂度等情况。

综上所述，读者可在综合考虑下针对具体的问题选择合适的排序方法。

9.7 排序的应用

【例 9.8】对表 9.1 所示的职工工资表，编写程序实现按工资总额由高到低次序排序，输出每个人的信息。

下面给出用冒泡排序方法实现上述问题的程序，读者也可尝试用本章介绍的其他方法来实现排序过程。职工工资表存储在数组 1 开始的单元。为比较方便，设工资总额为整数类型。

```
#define MAXSIZE 100
typedef struct
{   char id[5];
    char name[10];
    int salary;}RECORDNODE;
void maopao(RECORDNODE *r,int n)
{   int i,j;
    for(i=1;i<n;i++)
        for(j=1;j<=n-i;j++)
            if(r[j].salary<r[j+1].salary)
            {   r[0]=r[j];r[j]=r[j+1];r[j+1]=r[0];}
```

```
}
main()
{   RECORDNODE a[MAXSIZE];
    int i,n;
    printf("请输入职工人数：");
    scanf("%d",&n);
    printf("请输入职工信息：");
    for(i=1;i<=n;i++)
    {   printf("职工编号    姓名    工资总额：\n");
        scanf("%s",a[i].id);
        scanf("%s",a[i].name);
        scanf("%d",&a[i].salary);
    }
    maopao(a,n);
    printf("职工编号        姓名        工资总额\n");
    for(i=1;i<=n;i++)
        printf("%s%s%d\n",a[i].id,a[i].name,a[i].salary);
}
```

【例 9.9】 利用快速排序，求出所有关键字值小于 k 的元素，放到一端，并给出个数的非递归算法。

分析：在表尾增加一个关键字值等于 k 的元素，将该元素与第一个元素互换位置，然后进行一趟快速排序，则支点前的所有元素的关键字值均小于 k。

```
#define MAXSIZE 100
#define KEYTYPE int
typedef struct
{   KEYTYPE key;
}RECORDNODE;
int part(RECORDNODE r[ ],int low,int high)
{   int i,j;
    i=low;j=high;
    r[0]=r[i];
    while(i<j)
    {   while(i<j&&r[j].key>=r[0].key)
            j--;
        if (i<j)
        {   r[i]=r[j];i++;}
        while(i<j&&r[i].key<=r[0].key)
            i++;
        if (i<j)
        {   r[j]=r[i];j--;}
    }
```

```
            r[i]=r[0];
            return i;
    }
    int quicksortk(RECORDNODE r[],int n,int k)
    {   int i;
        RECORDNODE x;
        x.key=k;
        r[n+1]=r[1];              /*将数组1单元的数据放在n+1单元*/
        r[1]=x;                   /*将关键字为k的元素放在数组的1单元*/
        i=part(r,1,n+1);
        return(i-1);
    }
    main()
    {   RECORDNODE r[MAXSIZE];
        int i,n,k,j;
        printf("请输入记录个数：");
        scanf("%d",&n);
        printf("请输入记录的关键字值：");
        for(i=1;i<=n;i++)
            scanf("%d",&r[i].key);
        printf("请输入k值：");
            scanf("%d",&k);
        j=quicksortk(r,n,k);
        printf("小于k的元素个数为：%d\n",j);
        printf("这些记录分别是：");
        for(i=1;i<=j;i++)
            printf("%d",r[i].key);
    }
```

本 章 小 结

(1) 排序是指将一组无序的数据元素按规定的次序重新排列的过程，是数据处理中经常使用的一种重要运算。有内部排序和外部排序之分，本章介绍的是内部排序。

(2) 内部排序的方法有：插入排序、交换排序、选择排序和归并排序，在各种简单排序方法的基础上又衍生出多种效率更高的排序方法，如希尔排序、快速排序、堆排序等。根据具体情况选用不同的排序方法才能提高排序效率。

(3) 在各种排序方法中，属于稳定排序的有：直接插入排序、冒泡排序和归并排序。不稳定排序的有：希尔排序、直接选择排序、快速排序和堆排序。

习 题

一、填空题

1. 在对一组记录(54, 38, 96, 23, 15, 72, 60, 45, 83)进行直接插入排序时，当把第 7 个记录 60 插入到有序表时，为寻找插入位置需比较_____次。

2. 大多数排序的算法都有两个基本的操作：_____和_____。

3. 在堆排序和快速排序中，若原始记录接近正序或反序，则选用_____，若原始记录无序，则最好选用_____。

4. 每次从无序表中取出一个元素，把它插入到有序序列的适当位置，使其仍然有序，直至把所有元素都插入到有序序列中，这种排序方法称为_____。

5. 关键字序列{45, 23, 12, 67, 34}，对应的大根堆为_____。

二、选择题

1. 在待排序序列基本有序的前提下，效率最高的排序方法是(　　)。
   A. 快速排序　　　　B. 归并排序　　　　C. 直接插入排序　　　　D. 选择排序

2. 堆的形状是一棵(　　)。
   A. 二叉排序树　　　B. 满二叉树　　　　C. 完全二叉树　　　　D. 平衡二叉树

3. 用冒泡排序对 n 个数据进行排序，第一趟共比较(　　)对元素。
   A. 1　　　　　　　B. 2　　　　　　　C. n–1　　　　　　　D. n

4. 设待排序元素关键字是{2, 4, 1, 3, 7, 1'}，应用一种排序方法进行递增排序的结果是{1', 1, 2, 3, 4, 7}，则所选用的排序方法是(　　)。
   A. 直接插入　　　　B. 直接选择　　　　C. 冒泡　　　　　　D. 二路归并

5. 快速排序每次划分的效果好坏和以下(　　)因素有直接关系。
   A. 关键字的排列情况　　　　　　　B. 数据元素的个数
   C. 关键字值的最大值　　　　　　　D. 轴的相对大小

三、判断题

1. 对于 n 个记录的集合进行冒泡排序，所需要的平均时间是 O(n)。　　　　(　　)
2. 快速排序是一种稳定的排序方法。　　　　　　　　　　　　　　　　　　(　　)
3. 快速排序算法在每趟排序中都能找到一个元素放到其最终位置上。　　　　(　　)
4. 快速排序是基于比较的内部排序方法中最好的。　　　　　　　　　　　　(　　)
5. 当待排序记录规模较小时，选用直接插入排序算法比较好。　　　　　　　(　　)

四、应用题

1. 对于给定的数据(12, 5, 9, 20, 6, 31, 24)，分别写出用直接插入排序和冒泡排序的各趟结果。

2. 有一组关键字序列(41, 34, 53, 38, 26, 74)，采用快速排序方法由大到小进行排序，请写出每趟排序的结果。

3. 判断下列两序列是否为堆，如不是，将其调整为堆。

(1)　(3, 10, 12, 22, 36, 18, 28, 40)

(2)　(5, 8, 11, 15, 23, 20, 32, 7)

五、算法设计题

1. 编写一个双向冒泡排序算法，即在排序过程中交替改变扫描方向。题目要求：数据从数组的 0 单元放起。

2. 数组中的元素有正整数或负整数。设计一个算法，将正整数和负整数分开，使数组的前一半为负整数，后一半为正整数。不要求对这些元素排序，要求尽量减少交换次数。

附录 A 习题答案

第 1 章

一、填空题

1. 存储结构　　2. 线性　非线性　　3. 树状结构　图状结构　　4. 1　　5. 多个

6. 物理结构　　7. 连续　　8. 任意　　9. 算法　　10. 时间　空间

二、选择题

1. A，B　　2. C，D　　3. A　　4. C　　5. C　　6. D

三、应用题

1.

(1) 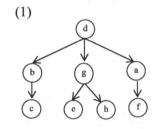　　　　　　　　(2)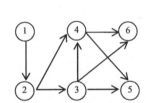

2.

(1) $O(n)$　　(2) $O(1)$　　(3) $O(\log_3 n)$

第 2 章

一、填空题

1. 数据元素(或结点)　　起始　　终端　　位置　　前驱　　后继

2. 1008

3. (a，b，d，e)　　(a，w，b，d，e)　　b

4. n−i+1

5. 直接前驱

6. 头指针

7. rear->next->next

8. U=L->next

二、选择题

1. A　　2. A　　3. C　　4. B　　5. D　　6. A　　7. B

三、判断题

1. √ 2. × 3. × 4. × 5. √ 6. ×

四、应用题

1.

顺序表的优点：便于随机存取；存储空间连续，不必增加额外的存储空间。

顺序表的缺点：插入和删除操作要移动大量数据元素，存储单元的分配要预先进行。

2.

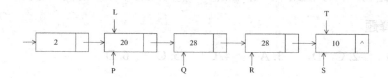

3.

(1) k),c),n)

(2) j),l),h),k),c),n)

(3) j),l),g),c),n)

(4) l),k),c),n)

(5) i),k),c),n)

五、算法设计题

1.
```c
void delete(SEQUENLIST *L)
{   int i,m;
    i=0;
    while(i<L->len)
    {   while(i<L->len&&L->data[i]==L->data[i+1])
        {   for(m=i+1;m<L->len;m++)
                L->data[m]=L->data[m+1];
            L->len--;
        }
        i++;
    }
}
```

2.
```c
#define MAXSIZE 100
typedef struct
{   int id;
    char name[10];
```

```
    int  deposit;
}customer;
typedef struct
{   customer  data[MAXSIZE];
    int  len;
}SEQUENLIST;
void display(SEQUENLIST  L)
{   int  i,m;
    printf("输入要查找的客户账号：\n");
    scanf("%d",&m);
    i=0;
    while(i<L.len&&L.data[i].id!=m)
        i++;
    if(i<=L.len)
    {   printf("查找成功!\n");
        printf("账号    姓名    金额\n");
        printf("%8d%8s%8d",L.data[i].id,L.data[i].name,L.data[i].deposit);
    }
    else
        printf("查找失败\n");
}
```

3.
```
void jiaoji(LINKLIST *A,LINKLIST *B,LINKLIST *C)
{   LINKLIST *p, *q, *h, *t;
    p=A->next;
    q=B->next;
    h=C;
    while(p!=NULL&&q!=NULL)
    {   if(p->data==q->data)
        {   t=(LINKLIST *)malloc(sizeof(LINKLIST));
            t->data=p->data;
            t->next=NULL;
            h->next=t;
            h=t;
            p=p->next;
            q=q->next;
        }
        else
            if(p->data<q->data)
                p=p->next;
            else
                q=q->next;
    }
}
```

第3章

一、填空题

1. 线性　任意　栈顶　队尾　队头
2. 进栈　出栈
3. Push_Stack
4. Pop_Stack
5. 前面一个位置
6. Del_Queue
7. s==NULL

二、选择题

1. D C A　　2. D　　3. C　　4. D　　5. C　　6. D　　7. A

三、判断题

1. √　　2. ×　　3. √　　4. ×　　5. √　　6. ×

四、应用题

1. 有 14 种出栈序列：abcd、abdc、acbd、acdb、adcb、bacd、badc、bcad、bcda、bdca、cbad、cbda、cdba、dcba

2.
(1) 程序段的功能是将一个栈中的元素按逆序重新排列，也就是原来在栈顶的元素放到栈底，原来在栈底的元素放到栈顶。

(2) 程序段的功能是利用 temp 栈将一个非空栈 s1 的所有元素按原样复制到一个栈 s2 当中去。

(3) 程序段的功能是将一个循环队列 q 经过栈 s 的处理，逆向排列，原来的队头变成队尾，原来的队尾变成队头。

(4) 这段程序的功能是将队列 q1 的所有元素复制到队列 q2 中去。

五、算法设计题

1.
```
int IsHuiwen(char *t)
{   /*判断指针 t 所指向字符串是否为回文，若是，函数返回值为 1，否则返回值为 0*/
    SEQSTACK *s;
    int i , len;
    char temp;
    Init_Stack(&s);
```

```
        len=strlen(t); /*求字符串长度*/
        for (i=0; i<len/2; i++)/*将一半字符入栈*/
            Push_Stack(s, t[i]);
        while(!Stack_Empty(s))
        {   /* 每弹出一个字符与相应字符比较*/
                temp=Pop_Stack(s);
                if(temp!=S[i])
                    return 0 ;/* 不等则返回0*/
                else
                    i++;
        }
        return 1 ; /* 比较完毕均相等则返回1*/
}
```

2.
```
int StackLength(LINKSTACK *top)
{   int len=0;
LINKSTACK *p=top;
    if(p)
    {   len++;
    p=p->next;}
    return len;
}
```

3. 定义该循环队列的存储结构：

```
#define  datatype  char
#define  MAXSIZE  100   /*队列的最大容量*/
    typedef  struct
{   datatype  data[MAXSIZE];   /*队列的存储空间*/
    int rear,length;
}SEQQUEUE;
SEQQUEUE *q;
```
循环队列的队空条件是：q->length==0
循环队列的队满条件是：q->length==MAXSIZE

(1) 入队

```
void Add_Queue(SEQQUEUE *q, datatype x)
{   if(q->length==MAXSIZE) /*队列满*/
        printf("Queue full\n");
    else
    {   q->rear=(q->rear+1)%MAXSIZE;
        q->data[q->rear]=x;
        q->length++;
    }
}
```

(2) 出队

```
datatype Del_Queue(SEQQUEUE *q)
{   datatype x;
    int front;
    if (q->length==0)      /*队列为空*/
    {   printf("Queue empty\n");
        x=NULL;}
    else
    {   front=(MAXSIZE+q->rear - q->length+1)%MAXSIZE;  /*计算头指针位置*/
        x=q->data[front];
        q->length--;}
    return x;
}
```

第4章

一、填空题

1. 长度相等，并且各个对应位置上的字符都相等
2. 顺序存储　链式存储
3. " "　0
4. BCDEFEF
5. 46

二、选择题

1. B　　2. C　　3. C　　4. B　　5. D

三、判断题

1. ×　2. √　3. ×　4. √　5. ×　6. √　7. √

四、算法设计题

1.
```
void outsubstr(SString s)    /*输出所有子串*/
{   int i,j,k;
    for(i=1;i<=s.len;i++)     /*确定s.len次循环,代表本次循环可以输出的子串位数*/
    {   printf("output %d char:",i);
        for(j=1;j<=s.len-i+1;j++)  /*每次循环输出子串的个数*/
        {   for(k=1;k<=i;k++)       /*每次循环输出一个子串*/
            {   printf("% c",s.ch[j+k-2]);
            }
            printf(" ");
        }
```

```
            printf("\n");
      }
      printf("\n");
}
```

2.
```
int countchar(SString s,char c)    /*统计串 s 中字符 c 出现的次数*/
{   int n=0,i;
    for(i=0;i<s.len;i++)
    {   if(s.ch[i]==c)
            n++;
    }
    return(n);
}
```

第 5 章

一、填空题

1. 332   2. 144   3. 42   4. ()   (())   2   2

5. head(tail(head(tail(tail(L)))))

二、选择题

1. C   2. A   3. C   4. B   5. D

三、判断题

1. × 2. √ 3. × 4. × 5. √ 6. × 7. √ 8. × 9. × 10. √

四、应用题

1. EA+225；EA+141

2. 540；108；M[5][9]

3. 因为 4×5×6=120，所以二维数组 A_{5*6} 共占 120 个字节；

   $LOC(a_{45})$=1000+120-4=1116；

   按行优先时 $LOC(a_{25})$=1000+4×(2×6+5)=1068；

   按列优先时 $LOC(a_{25})$=1000+4×(5×5+2)=1108；

4.

(1) 将对称矩阵对角线及以下元素按行序存入一维数组中，结果如下：

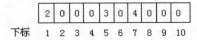

(2) 因行列表头的"行列域"值用了 0 和 0，下面十字链表中行和列下标均从 1 开始。

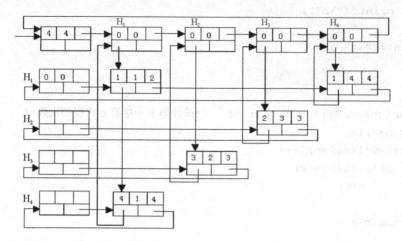

注：上侧列表头 H_i 和左侧行表头 H_i 是一个(即 H_1、H_2、H_3 和 H_4)，为了清楚，画成了两个。

5. 广义表的孩子表示法，结果如下：

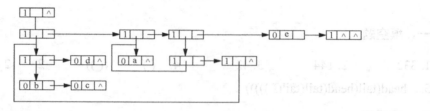

五、算法设计题

1.
```
#define M 9
#define N 9
main()
{   int n,i,j,k,s;
    int A[M][N];              /*定义一个存储魔方阵的矩阵*/
    clrscr();
    printf("input n\n");
    scanf("%d",&n);           /*输入魔方阵的阶数 n*/
    printf("\n");
    i=n%2;                    /*将 1 填入中间一行的最后一列的位置*/
    j=n-1;
    A[i][j]=1;
    for(k=2;k<=(n*n);k++)     /*依次填入 2 到 n² 的其他自然数*/
    {   if(k%n==1)
            j--;
        else
        {   i=(i+1)%n;
            j=(j+1)%n;
        }
```

```
            A[i][j]=k;
        }
        printf("magic matrix \n");
        printf("n=%d\n",n);        /*输出魔方阵的阶数n*/
        for(i=0;i<n;i++)           /*输出魔方阵*/
        {   for (j=0;j<n;j++)
                printf("%5d",A[i][j]);
            printf("\n");
        }
        printf("\n");
        s=(n*(1+n*n))/2;           /*魔方阵中行或列的和*/
        printf("sum of line,column is: %d\n",s);   /*输出魔方阵中行或列的和*/
}
```

2.
```
#include <stdio.h>
#define m  4                /*矩阵行*/
#define n  5                /*矩阵列*/
void point(int R[m][n])     /*判断矩阵R[m][n]中是否存在鞍点*/
{   int i,j,flag;
    int max[m],min[n];   /*max[m]保存每行的最大值,min[n]保存每列的最小值*/
    flag=0;              /*是否有鞍点的标志变量*/
    for(i=0;i<m;i++)     /*找出矩阵每行的最大值*/
    {   max[i]=R[i][0];
        for(j=1;j>n;j++)
            if(R[i][j]>max[i])
                max[i]=R[i][j];
    }
    for(j=0;j<n;j++)     /*找出矩阵每列的最小值*/
    {   min[j]=R[0][j];
        for(i=1;i<m;i++)
            if(R[i][j]<min[j])
                min[j]=R[i][j];
    }
    for(i=0;i<m;i++)            /*查找鞍点*/
        for(j=0;j<n;j++)
            if(max[i]==min[j])
            {   printf("鞍点: (%d,%d):%d\n",i,j,R[i][j]);
                flag=1;
            }
    if(!flag)
        printf("矩阵中无鞍点!\n");
}
```

第6章

一、填空题

1. 满 2. p->rchild==NULL 3. 根 4. 2m-1 5. 最短 较近 6. m-1

二、选择题

1. D 2. C 3. C 4. A 5. C 6. A

三、判断题

1. × 2. × 3. √ 4. √ 5. ×

四、应用题

1. 具有三个结点的树有两种形态。

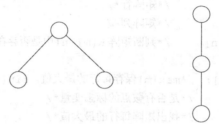

具有三个结点的二叉树有 5 种不同形态。

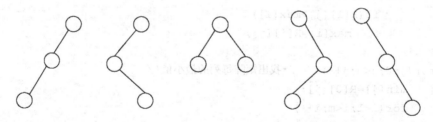

2. $n_0 = n_2 + 2n_3 + \cdots + (k-1)n_k + 1$

3.

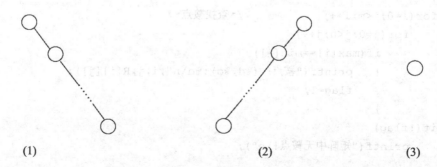

(1)　　　　　　(2)　　　　　　(3)

4. 二叉树的二叉链表存储

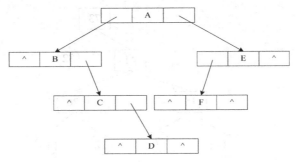

二叉树的顺序存储

0	1	2	3	4	5	6	7	8	9	10
A	B	E	∧	C	F	∧	∧	∧	∧	D

5. 先序遍历：ABCDEFGHI

  中序遍历：BCDAFEHIG

  后序遍历：DCBFIHGEA

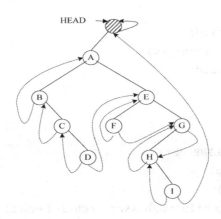

6. 先序遍历序列为：EACBDGF

7.

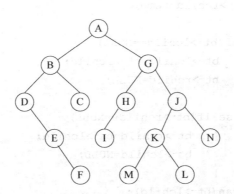

8.

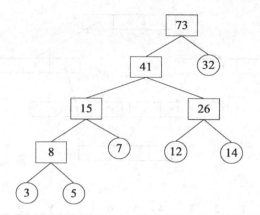

五、算法设计题

1.  ```
    THREADBT *inpre(THREADBT *p)
    {   THREADBT *q;
        if(p->ltag==1)
            q=p->lchild;
        else
        {   q=p->lchild;
            while(q->rtag= =0)
                q=q->rchild;
        }
        return(q);
    }
    ```

2.  ```
    int jiaohuan(BTLINK *bt)
    {   BTLINK *temp;
        if(bt!=NULL)
        {   if(bt->lchild!=NULL&&bt->rchild!=NULL)
            {   temp=bt->lchild;
                bt->lchild=bt->rchild;
                bt->rchild=temp;
            }
            else if(bt->lchild==NULL)
                {   bt->lchild=bt->rchild;
                    bt->rchild=NULL;
                }
            else if(bt->rchild==NULL)
                {   bt->rchild=bt->lchild;
                    bt->lchild=NULL;
                }
            jiaohuan(bt->lchild);
            jiaohuan(bt->rchild);
    ```

        }
    }

第7章

一、填空题

1. n-1   大于 n-1   小于 n-1

2. 邻接矩阵中第 i 行(或第 i 列)非零元素的个数   邻接矩阵中第 i 行非零元素的个数   邻接矩阵中第 i 列非零元素的个数

3. 2e+n   2e   n

4. 存在入度为 0 的结点且没有回路

5. 主对角线

6. AOV

7. Kruskal

8. n*(n-1)/2   n*(n-1)

二、选择题

1. B   2. C   3. B   4. D   5. A   6. B   7. C   8. A

三、判断题

1. ×   2. √   3. √   4. ×   5. √   6. ×   7. ×   8. √   9. √   10. √

四、应用题

1. 图 7.26 所示的无向图 G1 的邻接矩阵和邻接链表如下。

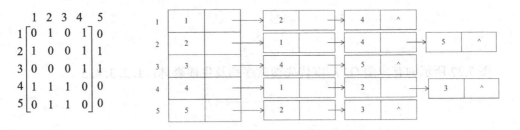

图 7.27 所示的有向图 G2 的邻接矩阵和邻接链表如下。

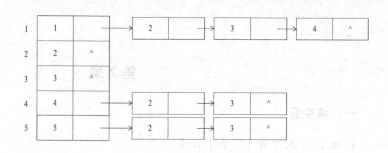

2.

(1) 图 7.26 所示的无向图 G1 深度优先搜索序列及生成树：1, 2, 4, 3, 5

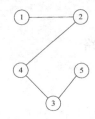

图 7.27 所示的有向图 G2 深度优先搜索序列及生成森林：1, 2, 3, 4, 5

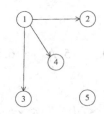

(2) 图 7.26 所示的无向图 G1 广度优先搜索序列及生成树：1, 2, 4, 5, 3

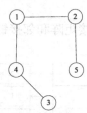

图 7.27 所示的有向图 G2 广度优先搜索序列及生成森林：1, 2, 3, 4, 5

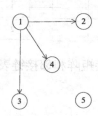

3.

(1) 广度优先搜索序列：A, B, C, D　　深度优先搜索序列：A, B, C, D

(2) 广度优先搜索序列：B, A, C, D　　深度优先搜索序列：B, A, C, D

4. 使用 Prim 算法得到最小生成树： (构造过程略)

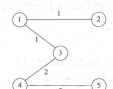

使用 Kruskal 算法得到的最小生成树与使用 Prim 算法得到的最小生成树结果相同，但过程不同。

5.

(1) 1, 5, 2, 6, 3, 4

(2) 5, 6, 1, 2, 3, 5

6.

循环	S	w	dist[2]	dist[3]	dist[4]	dist[5]	dist[6]	pre[2]	pre[3]	pre[4]	pre[5]	pre[6]
初始化	{1}	—	20	15	∞	∞	∞	1	1	1	1	1
1	{1,3}	3	19	15	∞	∞	25	3	1	1	1	3
2	{1,3,2}	2	19	15	∞	29	25	3	1	1	2	3
3	{1,3,2,6}	6	19	15	29	29	25	3	1	6	2	3
4	{1,3,2,6,5}	5	19	15	29	29	25	3	1	6	2	3
5	{1,3,2,6,5,4}	4	19	15	29	29	25	3	1	6	2	3

五、算法设计题

1.
```
int sum_od0(MGRAPH *g)
{   int i,count=0;
    for(i=1;i<=g->vexnum;i++)
    {   tag=0;
        for(j=1;j<=g->vexnum;j++)
            if(g->arcs[i][j]==1)
                tag=1;
        if(tag==0)
            count++;
    }
    return(tag);
}
```

2.
```
int visited[MAXSIZE]={0};
int findpath(ADJGRAPH *g,int i,int j)
{   int b=0;
    ADJNODE *p;
    p=g->adjlist[i].link;
    visited[i]=1;
    while(p!=NULL)
```

```
    {   if(p->adjvex==j&&visited[p->adjvex]!=1)
            return 1;
        else
            if(visited[p->adjvex]!=1)
                b=findpath(g,p->adjvex,j);
        p=p->next;
    }
    return(b);
}
```

第8章

一、填空题

1. 顺序　有序　　2. 1　2　4　8　5　3. 7　　3. 顺序　折半　分块　　4. 有序
5. n(n-1)/2　　6. 中序

二、选择题

1. D　　2. C　　3. C　　4. C　　5. A　　6. A

三、判断题

1. ×　　2. ×　　3. √　　4. √　　5. ×

四、应用题

1.

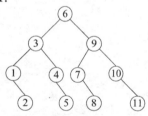

等概率时查找成功的平均查找长度为 ASL=(1×1+2×2+3×4+4×4)/11=3

2.

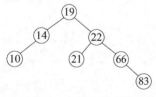

3.

散列地址	0	1	2	3	4	5	6	7	8	9	10	11	12
关键字		14	1	68	27	55	19	20	84	79	23	11	10
比较次数		1	2	1	4	3	1	1	3	9	1	1	3

查找成功的平均查找长度为：ASL=(1×6+2×1+3×3+4×1+9×1)/12=2.5
查找失败的平均查找长度为：ASL=(1+13+12+11+10+9+8+7+6+5+4+3+2)/13=7

五、算法设计题

1. ```
   int dbinsearch(SEQLIST *r,KEYTYPE k,int low,int high)
   {   int mid;
       if (low>high)
           return 0;
       else
       {   mid=(low+high)/2;
           if (r[mid].key==k)
               return mid;
           if (r[mid].key>k)
               return(dbinsearch(r,k,low,mid-1));
           else
               return(dbinsearch(r,k,mid+1,high));
       }
   }
   ```

2. ```
   int countlevel(BSTNODE *root,BSTNODE *p)
   {   int level=0;
       if (root==NULL)
           return 0;
       else
       {   level++;
           while(root->key!=p->key)
           {   if (root->key<p->key)
                   root=root->rchild;
               else
                   root=root->lchild;
               level++;
           }
           return level;
       }
   }
   ```

3. ```
   int isbst(BSTNODE *t)
   {   int f;
       if(t==NULL)
           return(1);
       if((t->lchild==NULL)&&(t->rchild==NULL))
           return(1);
       if(t->lchild)!=NULL)
           if(t->lchild->key>t->key)
   ```
   ```

```
                    return(0);
            else
            {   f=isbst(t->lchild);
                if(f==0)
                    return(0);
            }
        if(t->rchild!=NULL)
            if(t->rchild->key<t->key)
                return(0);
            else
            {   f=isbst(t->rchild);
                return(f);
            }
    }
```

第9章

一、填空题

1. 3   2. 比较元素大小   移动记录   3. 堆排序   快速排序   4. 直接插入
5. {67, 45, 12, 23, 34}

二、选择题

1. C   2. C   3. C   4. B   5. D

三、判断题

1. ×   2. ×   3. √   4. √   5. √

四、应用题

1.

(1) 直接插入排序

初始： [12]	5	9	20	6	31	24
第一趟：[5	12]	9	20	6	31	24
第二趟：[5	9	12]	20	6	31	24
第三趟：[5	9	12	20]	6	31	24
第四趟：[5	6	9	12	20]	31	24
第五趟：[5	6	9	12	20	31]	24
第六趟：[5	6	9	12	20	24	31]

(2) 冒泡排序

初始：   12   5   9   20   6   31   24

第一趟：	5	9	12	6	20	24	31
第二趟：	5	9	6	12	20	24	31
第三趟：	5	6	9	12	20	24	31
第四趟：	5	6	9	12	20	24	31

2.

第一趟排序结果　　(74 53) 41 (38 26 34)

第二趟排序结果　　74 (53) 41 38 (26 34)

第三趟排序结果　　74 53 41 38 (34) 26

最后排序结果　　　74 53 41 38 34 26

3.

序列(1)是小根堆。

序列(2)不是堆，调整成小根堆为(5, 7, 11, 8, 23, 20, 32, 15)。

五、算法设计题

```
1.   void dbubble(RECORDNODE *r,int n)
     {   int i,j;
         RECORDNODE temp;
         int ex=1;
         i=0;
         while(ex)
         {   ex=0;
             for(j=n-i-1;j>i;j--)
                 if (r[j].key<r[j-1].key)
                 {   ex=1;
                     temp=r[j];
                     r[j]=r[j-1];
                     r[j-1]=temp;
                 }
             for(j=i+1;j<n-i-1;j++)
                 if (r[j].key>r[j+1].key)
                 {   ex=1;
                     temp=r[j];
                     r[j]=r[j+1];
                     r[j+1]=temp;
                 }
             i++;
         }
     }
2.   void partzf(RECORDNODE r[],int n)
     {   int i,j;
         i=1;j=n;                     /*数据从数组的0单元开始存储*/
         while(i<j)
         {   while(i<j&&r[i].key<0)
                 i++
             while(i<j&&r[j].key>0)
```

```
                j++;
            if(i<j)
            {   r[0]=r[i];
                r[i]=r[j];
                r[j]=r[0];
                i++;
                j--;
            }
        }
    }
```

附录 B 数据结构实训及答案

第一部分 实验教学大纲

1. 实验教学目标

实验目的在于更深入地理解和掌握课程教学中的有关基本概念，应用基本技术解决实际问题，从而进一步提高分析和解决问题的能力。因此必须明确实验的目的，以保证达到课程所指定的基本要求。在实验小结中，要进一步确认是否达到了预期的目的，并总结调试程序所取得的经验与体会，如果程序未能通过，应分析其原因。

2. 实验要求

能够按要求编写课程设计，能正确阐述设计的算法和实验结果，正确绘制程序框图和编写算法核心语句。培养学生程序设计能力，逐步建立正确的程序编写风格。

3. 实验课时安排

序 号	实验名称	课 时	必(选)做
实验一	顺序存储的线性表	4	必做
实验二	单链表	6	必做
实验三	栈和队列	4	必做
实验四	串	2	选做
实验五	二叉树	4	必做
实验六	图	5	选做
实验七	查找	4	必做
实验八	排序	6	必做

4. 实验内容

不带"*"号的上机实验题目，主要是为帮助学生深入理解教学内容，澄清基本概念，并以基本程序设计技能训练为主要目的而设；而带"*"号的上机实验题目，可激起学生的学习潜能，并对广泛开拓思路有益。

实验一 顺序存储的线性表

实验目的：

(1) 了解线性表的逻辑结构特征。

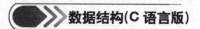

(2) 熟练掌握线性表的顺序存储结构的描述方法，及在其上实现各种基本运算的方法。

(3) 掌握和理解本实验中出现的一些基本的 C 语言语句。

(4) 体会算法在程序设计中的重要性。

实验内容：

(1) 将一顺序表 a 中的元素逆置。要求算法仅用一个辅助结点。

(2) 求顺序表中的元素的最大值和次最大值。

(3) 试设计一个算法，仅用一个辅助结点，实现将顺序表 a 中的结点循环右移 k 位的运算。

*(4) 设一顺序表中元素值递增有序。试设计一算法，将元素 x 插入到表中适当的位置上，并保持顺序表的有序性。

实验二 单链表

实验目的：

(1) 熟练掌握线性表的单链式存储结构及在其上实现线性表的各种基本运算的方法。

(2) 掌握和理解本实验中出现的一些基本的 C 语言语句。

(3) 体会算法在程序设计中的重要性。

实验内容：

(1) 设计一算法，逆置带头结点的动态单链表 head。要求利用原表的结点空间，并要求用尽可能少的时间完成。

(2) 设有两个按元素值递增有序的单链表 A 和 B，编一程序将 A 表和 B 表归并成一个新的递增有序的单链表 C(值相同的元素均保留在 C 表中)，并要求利用原表的空间存放 C。

实验三 栈和队列

实验目的：

(1) 掌握栈和队列的数据结构的特点。

(2) 熟练掌握在两种存储结构上实现栈和队列的基本运算。

(3) 学会利用栈和队列解决一些实际问题。

(4) 掌握和理解本实验中出现的一些基本的 C 语言语句。

(5) 体会算法在程序设计中的重要性。

实验内容：

*(1) 写一算法将一顺序栈中的元素依次取出，并打印元素值。

*(2) 写一算法将一链栈中的元素依次取出，并打印元素值。

*(3) 写一算法将一顺序队列中的元素依次取出,并打印元素值。

*(4) 写一算法将一链队列中的元素依次取出,并打印元素值。

实验四 串

实验目的:

(1) 掌握串的顺序和链接存储结构的实现方法。

(2) 掌握串的模式匹配算法。

(3) 掌握和理解本实验中出现的一些基本的 C 语言语句。

(4) 体会算法在程序设计中的重要性。

实验内容:

(1) 设计串的模式匹配算法(子串定位)。

(2) 若 s 和 t 是两个采用顺序结构存储的串,编写一个比较两个串大小的算法,若 s>t,则返回 1,若 s<t,则返回-1,否则返回 0。

实验五 二叉树

实验目的:

(1) 熟悉二叉树的各种存储结构及适用范围。

(2) 掌握建立二叉树的存储结构的方法。

(3) 熟练掌握二叉树的先序、中序、后序遍历的递归算法和非递归算法。

(4) 灵活运用递归的遍历算法实现二叉树的其他各种运算。

(5) 掌握和理解本实验中出现的一些基本的 C 语言语句。

(6) 体会算法在程序设计中的重要性。

实验内容:

(1) 以二叉链表作存储结构,设计求二叉树高度的算法。

(2) 以二叉链表作存储结构,编写递归的中序遍历算法。

*(3) 以二叉链表作存储结构,编写非递归的中序遍历算法。

*(4) 以二叉链表作存储结构,编写求二叉树中叶子结点的个数算法。

实验六 图

实验目的:

(1) 掌握图的两种存储结构的实现方法。

(2) 掌握遍历图的递归和非递归算法。

(3) 掌握和理解本实验中出现的一些基本的 C 语言语句。

(4) 体会算法在程序设计中的重要性。

实验内容：

(1) 设计算法，构造无向图的邻接链表，并递归地实现基于邻接链表的图的深度优先搜索遍历。

(2) 设计算法，构造无向图的邻接矩阵，并递归地实现基于邻接矩阵的图的深度优先搜索遍历。

实验七　查找

实验目的：

(1) 掌握顺序查找、二分查找的递归及非递归算法。

(2) 掌握散列表上的各种操作。

(3) 熟练掌握在二叉排序树上各种操作的实现方法。

(4) 掌握和理解本实验中出现的一些基本的 C 语言语句。

(5) 体会算法在程序设计中的重要性。

实验内容：

(1) 给出顺序表上顺序查找元素的算法。

(2) 给出非递归的二分查找算法。

*(3) 编写拉链法处理冲突的查找程序。

实验八　排序

实验目的：

(1) 熟练掌握在顺序表上实现排序的各种方法。

(2) 深刻理解各种排序方法的特点，并能灵活运用。

(3) 掌握和理解本实验中出现的一些基本的 C 语言语句。

(4) 体会算法在程序设计中的重要性。

实验内容：

编写一个排序菜单程序，在其中调用不同的排序算法，实现对任意无序序列的递增排序操作。在主程序中输入初始序列，分别调用直接插入排序、冒泡排序、直接选择排序、快速排序等排序算法，输出排序后的结果。题目要求：在所有的排序算法中，待排序数据均从数组的 0 单元放起。

第二部分 实验参考答案

实验一 顺序存储的线性表

(1)

```
#define MAXSIZE 100
typedef struct
{   int len;
    int data[MAXSIZE];
}SEQUENLIST;                        /*顺序表结构类型定义*/
void rev(SEQUENLIST *q)             /*逆置顺序表元素算法*/
{   int i,j,t;
    for(i=0,j=q->len-1;i<q->len/2;i++,j--)
    {   t=q->data[i];
        q->data[i]=q->data[j];
        q->data[j]=t;
    }
}
main()                              /*主函数*/
{   int i;
    SEQUENLIST a;
    a.len=7;                        /*假设顺序表中有7个元素*/
    for(i=0;i<a.len;i++)            /*输入顺序表元素*/
        scanf("%d",&a.data[i]);
    rev(&a);                        /*调用逆置顺序表元素函数*/
    for(i=0;i<a.len;i++)            /*逆置后顺序表元素显示*/
        printf("%4d",a.data[i]);
}
```

(2)

```
#define MAXSIZE 100
typedef struct
{   int len;
    int data[MAXSIZE];
}   SEQUENLIST;
SEQUENLIST p;
void sort(SEQUENLIST *q)    /*采用冒泡排序的方法对数组进行降序排序*/
{   int i,j,t;
    for(i=0;i<q->len-1;i++)
        for(j=i+1;j<q->len;j++)
            if(q->data[i]<q->data[j])
```

```
            {t=q->data[i];q->data[i]=q->data[j];q->data[j]=t;}
    }
    main()
    {   int i;
        p.len=7;
        for(i=0;i<p.len;i++)
            scanf("%d",&p.data[i]);
        sort(&p);
        for(i=0;i<2;i++)                    /*输出数组中的前两个元素值*/
            printf("%4d",p.data[i]);
    }
```

(3)
```
    #define MAXSIZE 100
    typedef struct
    {   int len;
        int data[MAXSIZE];
    }SEQUENLIST;                            /*顺序表结构类型定义*/
    void move(SEQUENLIST *q,int k)          /*结点循环右移 k 位运算的算法*/
    {   int i,j=0,t;
        while(j<k)
            {t=q->data[q->len-1];           /*把最后一个元素放在单元 t 中*/
            for(i=q->len-2;i>=0;i--)        /*从倒数第二个元素开始依次后移*/
                q->data[i+1]=q->data[i];
            q->data[0]=t;                   /*把最后一个元素放在第一个元素位置*/
            j++;
            }
    }
    main()
    {   int i,k;
        SEQUENLIST a;
        a.len=5;                            /*假设顺序表中有 5 个元素*/
        for(i=0;i<a.len;i++)                /*输入顺序表元素*/
            scanf("%d",&a.data[i]);
        scanf("%d",&k);                     /*输入循环右移的位数 k*/
        move(&a,k);                         /*调用结点循环右移 k 位运算函数*/
        for(i=0;i<a.len;i++)                /*输出结点循环右移 k 位运算后的顺序表*/
            printf("%4d",a.data[i]);
    }
```

(4)
```
    #define MAXSIZE 100
    typedef struct
```

```
{   int len;
    int data[MAXSIZE];
}SEQUENLIST;                        /*顺序表结构类型定义*/
void insert(SEQUENLIST *q,int x)    /*插入元素x,保持顺序表有序性算法*/
{   int i;
    for(i=q->len-1;q->data[i]>=x&&i>=0;i--)
        q->data[i+1]=q->data[i];
    q->data[i+1]=x;
    q->len++;
}
main()
{   int i,x;
    SEQUENLIST p;
    p.len=7;                        /*假设顺序表中有7个元素*/
    for(i=0;i<p.len;i++)            /*输入顺序表元素*/
        scanf("%d",&p.data[i]);
    scanf("%d",&x);                 /*输入待插入元素x*/
    insert(&p,x);                   /*调用插入元素x函数*/
    for(i=0;i<p.len;i++)            /*插入元素x后的顺序表显示*/
        printf("%4d",p.data[i]);
}
```

实验二 单链表

(1)

```
#define NULL '\0'
#define DATATYPE2  char
typedef struct node
{   DATATYPE2 data;
    struct node *next;
}LINKLIST;                          /*单链表类型定义*/
LINKLIST *init()                    /*单链表初始化函数*/
{   LINKLIST *head;
    head=(LINKLIST *)malloc(sizeof(LINKLIST));
    head->next=NULL;
    return head;
}
LINKLIST *creat()                   /*尾插法建立动态单链表head函数*/
{   LINKLIST *head,*p,*q;           /*q是尾指针*/
    char n;
    head=init();
    q=head;                         /*初始时尾指针指向头结点*/
```

```c
        scanf("%c",&n);
        while(n!='$')              /*输入$单链表结束*/
        {   p=(LINKLIST *)malloc(sizeof(LINKLIST));
            p->data=n;
            p->next=q->next;
            q->next=p;
            q=p;                    /*q 始终指向最后一个结点*/
            scanf("%c",&n);
        }
        return head;
    }
    void rev(head)                  /*逆置单链表函数*/
    LINKLIST *head;
    {   LINKLIST *p,*q;
        p=head->next;               /*p 指针用来下移结点*/
        head->next=NULL;
        while(p!=NULL)
        {   q=p;                    /*q 指向待插入结点，头插法插入*/
            p=p->next;
            q->next=head->next;
            head->next=q;
        }
    }
    void print(head)                /*输出单链表 head 中的结点函数*/
    LINKLIST *head;
    {   LINKLIST *p;
        p=head->next;
        while(p!=NULL)
        {   printf("%4c",p->data);
            p=p->next;
        }
    }
    main()
    {   LINKLIST *head;
        head=creat();               /*调用建立单链表函数*/
        rev(head);                  /*调用逆置单链表函数*/
        print(head);                /*调用输出单链表函数*/
    }
```

(2)

```c
#define NULL 0
#define DATATYPE2 int
typedef struct node
```

```
{   DATATYPE2 data;
    struct node *next;
}LINKLIST;
LINKLIST *init()                            /*单链表初始化函数*/
{   LINKLIST *head;
    head=(LINKLIST *)malloc(sizeof(LINKLIST));
    head->next=NULL;
    return head;
}
LINKLIST *creat()                           /*尾插法建立动态单链表函数*/
{   LINKLIST *head,*p,*q;
    int n;
    head=init();
    q=head;
    scanf("%d",&n);
    while(n!=0)                             /*输入0单链表结束*/
    {   p=(LINKLIST *)malloc(sizeof(LINKLIST));
        p->data=n;
        p->next=q->next;
            q->next=p;
        q=p;
        scanf("%d",&n);
    }
return head;
}
LINKLIST *join(LINKLIST *A,LINKLIST *B)     /*两个单链表归并函数*/
{   LINKLIST *p1,*p2,*q,*r,*C;
    p1=A->next;
    p2=B->next;
    C=A;
    C->next=NULL;
    r=C;
    while((p1!=NULL)&&(p2!=NULL))
    {   if (p1->data<p2->data)              /*p1所指结点*q准备插入*/
           {q=p1;p1=p1->next;}
        else                                /*p2所指结点*q准备插入*/
           {q=p2;p2=p2->next;}
        q->next=r->next;                    /*尾插法插入q所指结点*/
        r->next=q;
        r=q;
    }
    while(p1!=NULL)   /*若A表未扫完,依次把它的结点插入到C表尾部*/
    {   q=p1;p1=p1->next;
        q->next=r->next;
```

```
                r->next=q;
                r=q;
            }
            while(p2!=NULL)              /*若B表未扫完,依次把它的结点插入到C表尾部*/
            {   q=p2;p2=p2->next;
                q->next=r->next;
                r->next=q;
                r=q;
            }
            return C;
        }
        void print(head)                 /*输出单链表中的结点函数*/
        LINKLIST *head;
        {   LINKLIST *p;
            p=head->next;
            while(p!=NULL)
            {   printf("%4d",p->data);
                p=p->next;
            }
        }
        main()
        {   LINKLIST *A,*B,*C;
            A=creat();                   /*调用函数建立单链表A*/
            B=creat();                   /*调用函数建立单链表B*/
            C=join(A,B);                 /*调用归并函数*/
            print(C);                    /*输出归并后的单链表C中的结点*/
        }
```

实验三 栈和队列

```
    (1)
        #define NULL '\0'                /*用顺序栈处理元素按逆序输出*/
        #define DATATYPE char
        #define MAXSIZE 100
        #include "stdio.h"
        typedef struct
        {   DATATYPE data[MAXSIZE];
            int top;
        }SEQSTACK;
        void initstack(SEQSTACK *s)      /*顺序栈初始化算法*/
        {   s->top=-1;}
            void push(SEQSTACK *s,DATATYPE x)  /*顺序栈入栈算法*/
            {   if (s->top==MAXSIZE-1)
```

```
      { printf("overflow\n");exit(0);}
        else
        {   s->top++;
            s->data[s->top]=x;
        }
}
int empty(SEQSTACK *s)                  /*顺序栈判栈空算法*/
{   if (s->top==-1)
        return 1;
    else
        return 0;
}
DATATYPE pop(SEQSTACK *s)               /*顺序栈出栈算法*/
{   DATATYPE x;
    if (empty(s))
    {printf("underflow\n");x=NULL;}
    else
    {   x=s->data[s->top];
        s->top--;
    }
    return x;
}
main()
{   SEQSTACK s,*p;
    char x,y;
    p=&s;
    initstack(p);
    while((x=getchar())!='$')
    push(p,x);
    while(!empty(p))
    {   y=pop(p);
        printf("%3c",y);
    }
}
```

(2)

```
#define DATATYPE int              /*用链栈处理整数序列按逆序输出*/
#define NULL 0
typedef struct snode
{   DATATYPE data;
    struct snode *next;
}LINKSTACK;
LINKSTACK *top=NULL;
```

```c
void pushstack(DATATYPE x)                    /*链栈入栈算法*/
{   LINKSTACK *p;
    p=(LINKSTACK *)malloc(sizeof(LINKSTACK));
    p->data=x;
    p->next=top;
    top=p;
}
DATATYPE popstack()                           /*链栈出栈算法*/
{   LINKSTACK *p;
    DATATYPE v;
    if(top==NULL)
    {   printf("underflow\n");v=NULL;
    }
    else
    {   v=top->data;
        p=top;
        top=top->next;
        free(p);
    }
    return v;
}
main()
{   int x,y;
    scanf("%d",&x);
    while(x!=0)
    {   pushstack(x);scanf("%d",&x);
    }
    while(top!=NULL)
    {   y=popstack();
        printf("%4d",y);}
}
```

(3)

```c
#define NULL '\0'                             /*用循环队列处理元素顺序输出*/
#define DATATYPE char
#define MAXSIZE 100
#include "stdio.h"
typedef struct
{   DATATYPE data[MAXSIZE];
    int front,rear;
}SEQUEUE;
void initqueue(SEQUEUE *q)                    /*循环队列初始化算法*/
{   q->front=-1;q->rear=-1;}
```

```
void enqueue(SEQUEUE *q,DATATYPE x)           /*循环队列入队算法*/
{   if (q->front==(q->rear+1)%MAXSIZE)
    {   printf("queue is full\n");exit(0);}
    else
    {   q->rear=(q->rear+1)%MAXSIZE;
        q->data[q->rear]=x;
    }
}
int empty(SEQUEUE *q)                          /*循环队列判队空算法*/
{   if(q->rear==q->front)
        return 1;
    else
        return 0;
}
DATATYPE dequeue(SEQUEUE *q)                   /*循环队列出队算法*/
{   DATATYPE v;
    if (empty(q))
    {   printf(" queue is null\n");v=NULL;}
    else
    {   q->front=(q->front+1)%MAXSIZE;
        v=q->data[q->front];
    }
    return v;
}
main()
{   SEQUEUE  a,*q;
    char x,y;
    q=&a;
    initqueue(q);
    while((x=getchar())!='$')
    enqueue(q,x);
    while(!empty(q))
    {   y=dequeue(q);
        printf("%3c",y);
    }
}
```

(4)
```
#define DATATYPE int                          /*用链队列处理整数序列顺序输出*/
#define NULL 0
typedef struct qnode
{   DATATYPE data;
    struct qnode *next;
}LINKNODE;
```

```c
typedef struct
{LINKNODE *front,*rear;}LINKQUEUE;
void initlinkqueue(LINKQUEUE *q)                /*链队列初始化算法*/
{   q->front=(LINKNODE *)malloc(sizeof(LINKNODE));
    q->front->next=NULL;q->rear=q->front;
}
int emptylinkqueue(LINKQUEUE *q)                /*链队列判队空算法*/
{   int v;
    if (q->front==q->rear)
        v=1;
    else
        v=0;
    return v;
}
void enlinkqueue(LINKQUEUE *q,DATATYPE x)   /*链队列入队算法*/
{   q->rear->next=(LINKNODE *)malloc(sizeof(LINKNODE));
    q->rear=q->rear->next;
    q->rear->data=x;
    q->rear->next=NULL;
}
DATATYPE dellinkqueue(LINKQUEUE *q)             /*链队列出队算法*/
{   LINKNODE *p;
    DATATYPE v;
    if(emptylinkqueue(q))
    {printf(" queue if empty\n");v=NULL;}
    else
    {   p=q->front->next;
        q->front->next=p->next;
        if (p->next==NULL)
            q->rear=q->front;
        v=p->data;
        free(p);
    }
    return v;
}
main()
{   LINKQUEUE *q,a;
    int x,y;
    q=&a;
    initlinkqueue(q);
    scanf("%d",&x);
    while(x!=0)
    {enlinkqueue(q,x);scanf("%d",&x);
```

```
        }
        while(!emptylinkqueue(q))
        {   y=dellinkqueue(q);
            printf("%4d",y);
        }
}
```

实验四 串

(1)

```
#define MAXSIZE 100              /*定义符号常量MAXSIZE为100*/
typedef struct
{   char str[MAXSIZE];           /*定义可容纳100个字符的字符数组*/
    int curlen;                  /*存放当前串的实际串长*/
} string;
int matchstr(string *s,string *t)
{   int i,j;
    i=0;                         /*指向串s的第1个字符*/
    j=0;                         /*指向串t的第1个字符*/
    while(i<s->curlen&&j<t->curlen)
        if(s->str[i]==t->str[j]) /*比较两个子串是否相等*/
        {   i++;                 /*继续比较后继字符*/
            j++;
        }
        else
        {   i=i-j+1;             /*指针i回溯,j重新开始下一次的匹配*/
            j=0;
        }
        if( j==t->curlen)
            return(i-j+1);       /*匹配成功,返回模式串t在串s中的起始位置(序号)*/
        else  return (0);                  /*匹配失败,返回0*/
}
main()                           /*求t在s中出现的位置*/
{   string *s,*t,a,b;
    int k;
    s=&a;t=&b;
    gets(s->str);
    gets(t->str);
    s->curlen=strlen(s->str);
    t->curlen=strlen(t->str);
    k=matchstr(s,t);
    if(k!=0)
```

```
            printf(" t de weizhi is %d",k);
        else
            printf(" noexist");
}
```

(2)

```
#define MAXSIZE 100              /*定义符号常量MAXSIZE为100*/
typedef struct
{   char str[MAXSIZE];           /*定义可容纳100个字符的字符数组*/
    int curlen;                  /*存放当前串的实际串长*/
} string;
int cmpstr(string *s,string *t)
{   int i,minlen;
    if(s->curlen<t->curlen)
        minlen=s->curlen;
    else
        minlen=t->curlen;
    i=0;
    while(i<minlen)
    {   if(s->str[i]<t->str[i])            /*s 小于 t*/
            return(-1);
        else if(s->str[i]>t->str[i])       /*s 大于 t*/
            return(1);
        else
            i++;
    }
    if(s->curlen==t->curlen)
        return(0);
    else if(s->curlen<t->curlen)
        return(-1);
    else
        return(1);
}
main()
{   string *s,*t,q,a;
    int i;
    s=&q;t=&a;
    gets(s->str);
    gets(t->str);
    s->curlen=strlen(s->str);
    t->curlen=strlen(t->str);
    i=cmpstr(s,t);
    if(i==1)
```

```
        printf("s>t");
    if(i==0)
        printf("s=t");
    if(i==-1)
        printf("s<t");
}
```

实验五　二叉树

(1)
```
#define DATATYPE2 char              /*二叉树结点类型定义*/
#define NULL '\0'
typedef struct node
{   DATATYPE2 data;
    struct node *lchild,*rchild;
}BTLINK;
BTLINK *creat()                     /*以二叉链表为存储结构的二叉树的建立算法*/
{   BTLINK *q;
    BTLINK *s[30];
    int j,i;
    char x;
    printf("i,x = ");
    scanf("%d,%c",&i,&x);
    while(i!=0&&x!='$')
    {   q=(BTLINK *)malloc(sizeof(BTLINK));
        q->data=x;
        q->lchild=NULL;
        q->rchild=NULL;
        s[i]=q;
        if(i!=1)
        {   j=i/2;
            if(i%2==0)
                s[j]->lchild=q;
            else  s[j]->rchild=q;
        }
        printf("i,x=");
        scanf("%d,%c",&i,&x);}
        return s[1];
}
int depthtree(BTLINK *bt)           /*求二叉树的高度算法*/
{   int dep,depl,depr;
    if(bt==NULL)
        dep=0;
```

```c
        else
        {   depl=depthtree(bt->lchild);
            depr=depthtree(bt->rchild);
            if (depl>depr)
                dep=depl+1;
            else
                dep=depr+1;
        }
    return dep;
}
main()
{   BTLINK *bt;
    int treeh;
    bt=creat();
    treeh=depthtree(bt);
    printf("\n二叉树高度=%d",treeh);
}
```

(2)

```c
#define DATATYPE2 char            /*二叉树结点类型定义*/
#define NULL '\0'
typedef struct node
{   DATATYPE2 data;
    struct node *lchild,*rchild;
}BTLINK;
BTLINK *creat()                   /*以二叉链表为存储结构的二叉树的建立算法*/
{   BTLINK *q;
    BTLINK *s[30];
    int j,i;
    char x;
    printf("i,x=");
    scanf("%d,%c",&i,&x);
    while(i!=0&&x!='$')
    {   q=(BTLINK *)malloc(sizeof(BTLINK));
        q->data=x;
        q->lchild=NULL;
        q->rchild=NULL;
        s[i]=q;
        if(i!= 1)
        {   j=i/2;
            if(i%2==0)
                s[j]->lchild=q;
            else s[j]->rchild=q;
```

```
            }
        printf("i,x=");
        scanf("%d,%c",&i,&x);}
        return s[1];
        }
     void digui(BTLINK *bt)                /*二叉树的中序遍历递归算法*/
    {  if(bt!= NULL)
    {   digui(bt->lchild);
         printf("%c ",bt->data);
         digui(bt->rchild);     }
}
main()
{    BTLINK *bt;
    bt=creat();
    digui(bt);
 }
```

(3)

```
#define DATATYPE2 char         /*二叉树结点类型定义*/
#define NULL '\0'
typedef struct node
{   DATATYPE2 data;
    struct node *lchild,*rchild;
}BTLINK;
BTLINK  *creat()               /*以二叉链表为存储结构的二叉树的建立算法*/
{    BTLINK *q;
    BTLINK *s[30];
    int j,i;
    char x;
    printf("i,x=");
    scanf("%d,%c",&i,&x);
    while(i!=0&&x!='$')
    {q=(BTLINK *)malloc(sizeof(BTLINK));
    q->data=x;
    q->lchild=NULL;
    q->rchild=NULL;
    s[i]=q;
    if(i!=1)
    {j=i/2;
    if(i%2==0)
    s[j]->lchild=q;
    else  s[j]->rchild=q;
    }
```

```
            printf("i,x=");
            scanf("%d,%c",&i,&x);}
            return s[1];
         }
         void  zhxuf(BTLINK *bt)           /*二叉树的中序遍历非递归算法*/
         {BTLINK *q,*s[20];
            int  top=0;
            int  bool=1;
            q=bt;
            do
            {while(q!=NULL)
            {top++; s[top]=q; q=q->lchild; }
            if(top==0)
                bool=0;
            else
            {   q=s[top];
                top --;
                printf("%c  ",q->data);
                q=q->rchild;
            }
         }while(bool);
         }
         main()
         {   BTLINK *bt;
            bt=creat();
            zhxuf(bt);
         }
```

(4)
```
         #define DATATYPE2 char           /*二叉树结点类型定义*/
         #define NULL '\0'
         typedef struct node
         {   DATATYPE2 data;
             struct node *lchild,*rchild;
         }BTLINK;
         int k;
         BTLINK  *creat()                  /*以二叉链表为存储结构的二叉树的建立算法*/
         {   BTLINK *q;
             BTLINK *s[30];
             int j,i;
             char x;
             printf("i,x=");
             scanf("%d,%c",&i,&x);
```

```
        while(i != 0 && x != '$')
    {    q=(BTLINK *)malloc(sizeof(BTLINK));
         q->data=x;
         q->lchild=NULL;
         q->rchild=NULL;
         s[i]=q;
         if(i!=1)
         {   j=i/2;
             if(i%2==0)
                 s[j]->lchild=q;
             else   s[j]->rchild=q;
         }
         printf("i,x=");
         scanf("%d,%c",&i,&x);}
         return s[1];
    }
    void geshu(BTLINK *bt)          /*求二叉树的叶子结点个数算法*/
    {   if (bt!=NULL)
        {   geshu(bt->lchild);
            if(bt->lchild==NULL&&bt->rchild==NULL)
            k++;
            geshu(bt->rchild);}
    }
main()
{    BTLINK *bt;
     k=0;
     bt=creat();
     geshu(bt);
     printf("二叉树叶子结点的个数=%d",k);
}
```

实验六 图

(1)

```
#define MAXLEN 30              /*基于邻接链表存储结构的无向图的结点类型定义*/
#define NULL '\0'
int visited[MAXLEN]={0};
typedef struct node
{   int vertex;
    struct node *next;
}ANODE;
typedef struct
{   int data;
```

```c
        ANODE *first;
}VNODE;
typedef struct
{   VNODE adjlist[MAXLEN];
    int vexnum,arcnum;
}ADJGRAPH;
ADJGRAPH creat()                    /*基于邻接链表存储结构的无向图的建立算法*/
{   ANODE *p;
    int i, s, d;
    ADJGRAPH ag;
    printf("input vexnum,input arcnum: ");
    scanf("%d,%d", &ag.vexnum, &ag.arcnum);
    printf("input gege dingdian zhi:");
    for(i=0; i<ag.vexnum; i++)
    {   scanf("%d", &ag.adjlist[i].data);
        ag.adjlist[i].first=NULL;
    }
    for(i=0; i<ag.arcnum; i++)
    {   printf("input bian de dingdian xuhao: ");
        scanf("%d,%d", &s, &d);
        s--;
        d--;
        p=(ANODE *)malloc(sizeof(ANODE));
        p->vertex=d;
        p->next=ag.adjlist[s].first;
        ag.adjlist[s].first=p;
        p=(ANODE *)malloc(sizeof(ANODE));
        p->vertex=s;
        p->next=ag.adjlist[d].first;
        ag.adjlist[d].first=p;
    }
    return ag;
}
void dfs(ADJGRAPH ag, int i)        /*无向图的深度优先搜索遍历算法*/
{   ANODE *p;
    visited[i-1]=1;
    printf("%3d",ag.adjlist[i-1].data);
    p=ag.adjlist[i-1].first;
    while(p!=NULL)
    {   if(visited[p->vertex]==0)
        dfs(ag, (p->vertex)+1);
        p=p->next; }
}
```

```
main()
{   ADJGRAPH ag;
    int i;
    ag=creat();
    printf("cong di i ge jiedian kaishi:");
    scanf("%d",&i);
    dfs(ag,i);
}
```

(2)
```
#define maxlen 10         /*基于邻接矩阵存储结构的无向图的结点类型定义*/
int visited[maxlen]={0};
typedef struct
{   int vexs[maxlen];
    int arcs[maxlen][maxlen];
    int vexnum,arcnum;
}MGRAPH;
void creat(MGRAPH *g)     /*基于邻接矩阵存储结构的无向图的建立算法*/
{   int i,j;
    printf("input vexnum,arcnum:");
    scanf("%d%d",&g->vexnum,&g->arcnum);
    for(i=0;i<g->vexnum;i++)
    for(j=0;j<g->vexnum;j++)
    g->arcs[i][j]=0;
    for(i=0;i<g->arcnum;i++)
    {   printf("bian de dingdian:");
        scanf("%d%d",&i,&j);
        g->arcs[i-1][j-1]=1;
        g->arcs[j-1][i-1]=1;
    }
}
void print(MGRAPH *g)
{   int i,j;
    for(i=0;i<g->vexnum;i++)
    {for(j=0;j<g->vexnum;j++)
    printf("%3d",g->arcs[i][j]);
    printf("\n");
    }
}
void dfs(MGRAPH *g,int i)           /*无向图的深度优先搜索遍历算法*/
{   int j;
    printf("%3d",i);
    visited[i-1]=1;
```

```
        for(j=0;j<g->vexnum;j++)
        if (g->arcs[i-1][j]==1&&(!visited[j]))
        dfs(g,j+1);
}
main()
{   MGRAPH *g,k;
    int i;
    g=&k;
    creat(g);
    print(g);
    printf("cong di i ge jiedian fangwen: ");
    scanf("%d",&i);
    dfs(g,i);
}
```

实验七 查找

(1)
```
#define KEYTYPE int              /*查找表的结点类型定义*/
#define MAXSIZE 100
typedef struct
{KEYTYPE key;
}SEQLIST;
int seq_search(KEYTYPE k,SEQLIST *st,int n)    /*顺序表上查找元素算法*/
{   int j;
    j=n;                                       /*顺序表元素个数*/
    st[0].key=k;                               /*st.r[0]单元作为监视哨*/
    while(st[j].key!=k)                        /*顺序表从后向前查找*/
        j--;
    return j;
}
main()
{   SEQLIST a[MAXSIZE];
    int i,k,n;
    scanf("%d",&n);
    for(i=1;i<=n;i++)
    scanf("%d",&a[i].key);
    printf("输入待查元素关键字：");
    scanf("%d",&i);
    k=seq_search(i,a,n);
    if (k==0)
        printf("表中待查元素不存在");
    else
```

```
        printf("表中待查元素的位置%d",k);
}
```

(2)
```
#define KEYTYPE int                          /*查找表的结点类型定义*/
#define MAXSIZE 100
typedef struct
{KEYTYPE key;
}SEQLIST;
int bsearch(SEQLIST *st,KEYTYPE k,int n)     /*有序表上二分查找非递归算法*/
{   int low,high,mid;
    low=1;high=n;
    while(low<=high)
    {   mid=(low+high)/2;
        if(st[mid].key==k)
            return mid;
        else if(st[mid].key>k)
            high=mid-1;
        else
            low=mid+1;
    }
    return 0;
}
main()
{   SEQLIST a[MAXSIZE];
    int i,k,n;
    scanf("%d",&n);
    for(i=1;i<=n;i++)
    scanf("%d",&a[i].key);
    printf("输入待查元素关键字：");
    scanf("%d",&i);
    k=bsearch(a,i,n);
    if (k==0)
    printf("表中待查元素不存在");
    else
    printf("表中待查元素的位置%d",k);
}
```

(3)
```
#define NULL '\0'
#define m 13
typedef struct node
{   int key;
```

```c
        struct  node *next;
}CHAINHASH;
void creat_chain_hash(CHAINHASH *HTC[])
{    CHAINHASH  *p;
    int i, d;
      scanf("%d",&i);
    while (i!=0)
    {
        d=i%13;
        p=(CHAINHASH *) malloc(sizeof(CHAINHASH));
        p->next=HTC[d];
        p->key=i;
        HTC[d]=p;
        scanf("%d",&i); }
}
void print_chain_hash(CHAINHASH  *HTC[])
{    int i;
    CHAINHASH *p;
    for(i=0; i<13; i++)
    {   if(HTC[i]==NULL) printf("%3d|^\n",i);
        else {p=HTC[i];
        printf("%3d|->",i);
        while(p!=NULL)
    {   printf("%5d ->",p->key); p=p->next;  }
        printf("^\n");
    }
}
}
CHAINHASH  *search_chain_hash(CHAINHASH  *HTC[], int k)
{    CHAINHASH  *p;
    int  d;
    d=k%13;
    p=HTC[d];
    while(p!= NULL&&p->key!=k)
      p=p->next;
    return p;
}
main()
{   CHAINHASH  *HTC[m];
    int i;
    CHAINHASH *p;
    printf("\nplease input data\n\n");
    for (i=0; i<m; i++)
```

```
            HTC[i]=NULL;
    printf("biao\n");
    creat_chain_hash(HTC);
    print_chain_hash(HTC);
    printf("\ninput i: ");
    scanf("%d",&i);
    p=search_chain_hash(HTC, i);
    if (p==NULL) printf("no found\n\n");
    else printf("exist,%d\n",p->key);
}
```

实验八 排序

```
/*在以下所有的排序算法中，待排序数据均放在r[0]到r[n-1]单元中*/
#define KEYTYPE int                    /*顺序表的类型定义*/
#define MAXSIZE 100
typedef struct
{KEYTYPE key;
}RECORDNODE;
void gaosort(RECORDNODE *r,int n)      /*设立高端监视哨的直接插入排序算法*/
{   int i,j;
    for(i=n-2;i>=0;i--)
    {   r[n]=r[i];
        j=i+1;
        while(r[n].key>r[j].key)
        {   r[j-1]=r[j];
            j++;
        }
        r[j-1]=r[n];
    }
}
void maosort(RECORDNODE *r,int n)      /*自下向上扫描的冒泡排序算法*/
{RECORDNODE temp;
int i,j,noswap;
for(i=0;i<n-1;i++)
{   noswap=1;
    for(j=n-2;j>=i;j--)
    if (r[j].key>r[j+1].key)
    {temp=r[j];r[j]=r[j+1];r[j+1]=temp;noswap=0;}
    if(noswap)
        break;
    }
}
```

```c
void xuansort(RECORDNODE *r,int n)                    /*直接选择排序算法*/
{   RECORDNODE temp;
    int i,j,k;
    for(i=0;i<n-1;i++)
    {   k=i;
        for(j=i+1;j<=n-1;j++)
            if (r[j].key<r[k].key)
                k=j;
        if (k!=i)
            {temp=r[i];r[i]=r[k];r[k]=temp;}
    }
}
int part(RECORDNODE *r,int *low,int *high)            /*一趟快速排序算法*/
{   int i,j;
    RECORDNODE temp;
    i=*low;j=*high;
    temp=r[i];
    do{while(r[j].key>=temp.key&&i<j)
          j--;
       if(i<j)
       {r[i]=r[j];i++;}
       while(r[i].key<=temp.key&&i<j)
          i++;
       if(i<j)
       {r[j]=r[i];j--;}
    }while(i!=j);
    r[i]=temp;
    return i;
}
void quicksort(RECORDNODE *r,int start,int end)       /*快速排序算法*/
{   int i;
    if(start<end)
    {   i=part(r,&start,&end);
        quicksort(r,start,i-1);
        quicksort(r,i+1,end);
    }
}
void paixuhou(RECORDNODE *r,int n)
{   int i;
    printf("排序后：");
    for(i=0;i<n;i++)                    /*输出排序后的有序序列*/
        printf("%4d",r[i].key);
}
```

```
main()
{    RECORDNODE r[MAXSIZE];
     int i,len,start=0;
     int haoma,flag=1;
         scanf("%d",&len);
     for(i=0;i<len;i++)
         scanf("%d",&r[i].key);
     while(flag)
     {    printf("排序综合练习\n");
          printf("1.直接插入排序\n");          /*系统菜单*/
          printf("2.冒泡排序\n");
          printf("3.直接选择排序\n");
          printf("4.快速排序\n");
          printf("0.退出\n");
          printf("input:");
          scanf("%d",&haoma);                /*输入菜单选项值*/
          if(haoma>=0&&haoma<=4)             /*确定输入的号码在0到4之间*/
              switch(haoma)                  /*根据输入的haoma值,调用不同的排序算法*/
              {   case 1:gaosort(r,len);paixuhou(r,len);break;
                  case 2:maosort(r,len); paixuhou(r,len);break;
                  case 3:xuansort(r,len); paixuhou(r,len);break;
                  case 4:quicksort(r,start,len-1); paixuhou(r,len);break;
                  case 0:flag=0; break;
              }
          printf("结束此练习吗?(0-结束,1-继续)");
          scanf("%d",&flag);
     }
}
```

参 考 文 献

1. 张世和. 数据结构. 北京：清华大学出版社，2001
2. 严蔚敏，吴伟民. 数据结构(C语言版). 北京：清华大学出版社，1997
3. 付百文. 数据结构实训教程. 北京：科学出版社，2005
4. 黄卓. 数据结构(第2版). 大连：大连理工大学出版社，2004
5. 周岳山，陈丽敏. 数据结构. 西安：西安电子科技大学出版社，2005
6. 徐孝凯，贺桂英. 数据结构(C语言描述). 北京：清华大学出版社，2008
7. 陈明. 数据结构(C语言版). 北京：清华大学出版社，2005
8. 李春葆，金晶. 数据结构教程(C语言版). 北京：清华大学出版社，2006
9. 陈守孔. 算法与数据结构(C语言版)(第2版). 北京：机械工业出版社，2004
10. 杨开城. 数据结构(C语言版). 北京：电子工业出版社，2008
11. 王路群. 数据结构(C语言描述). 北京：中国水利水电出版社，2002